高·等·职·业·教·育·教·材

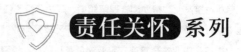 责任关怀系列

职业健康安全

李冰峰　王一男　主编
仓　理　主审

化学工业出版社
·北京·

内容简介

《职业健康安全》在考虑"责任关怀"体系和国内最新的职业健康安全实施细则的基础上，结合高职教育人才培养模式，以"能力培养"为导向，旨在促进责任关怀工作的落实，实现以专业对接产业，帮助读者理解知识、解决践行责任关怀的行动中出现的实际问题。

全书共分七章，主要介绍了"责任关怀"体系职业健康安全准则知识、职业健康相关法律法规知识、职业安全管理、职业病危害与防护、检测与应急、职业健康监护、"责任关怀"体系职业健康安全准则的实施及相关案例分析等内容。

本书可作为高等职业学校健康管理、安全技术与管理、化工安全技术、应急救援技术、职业健康安全技术、消防救援技术等专业的教材，也可作为化工、环保企业工程技术人员、科研人员和职业健康管理人员的培训用书。

图书在版编目（CIP）数据

职业健康安全/李冰峰，王一男主编. —北京：化学工业出版社，2022.8（2024.9重印）

ISBN 978-7-122-42311-5

Ⅰ.①职… Ⅱ.①李… ②王… Ⅲ.①职业安全卫生-高等职业教育-教材 Ⅳ.①X9

中国版本图书馆 CIP 数据核字（2022）第 181567 号

责任编辑：提 岩 窦 臻
文字编辑：邢苗苗 刘 璐
责任校对：李 爽
装帧设计：王晓宇

出版发行：化学工业出版社
　　　　　（北京市东城区青年湖南街 13 号　邮政编码 100011）
印　　装：大厂聚鑫印刷有限责任公司
787mm×1092mm　1/16　印张 11¼　字数 278 千字
2024 年 9 月北京第 1 版第 3 次印刷

购书咨询：010-64518888
售后服务：010-64518899
网　　址：http://www.cip.com.cn

凡购买本书，如有缺损质量问题，本社销售中心负责调换。

定　价：36.00 元　　　　　　　　　　　　　版权所有　违者必究

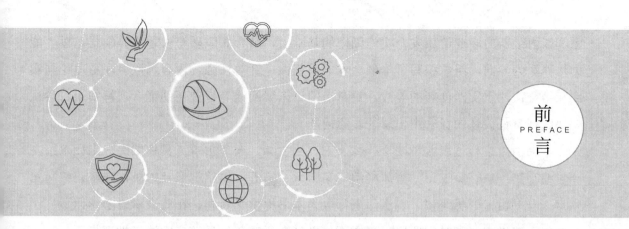

前言 PREFACE

近年来，我国职业危害与职业病时有发生，而化工行业发生的职业健康安全事故大多数都是企业缺失职业健康管理引起的。中国作为全球最大的化学品生产国，其职业健康安全管理工作对于化工行业的可持续发展显得尤为重要。2002年，由国际化学品制造商协会（AICM）、中国石油和化学工业联合会（CPCIF）签署联合备忘录，联合推广"责任关怀"（Responsible Care）体系。2011年中华人民共和国工业和信息化部发布了化工行业《责任关怀实施准则》（HG/T 4184—2011），为行业内承诺实施"责任关怀"体系的企业提供了技术指导。作为"责任关怀"体系六大准则之一的职业健康安全，主要致力于指导企业做好职业健康安全管理，最大限度地避免和减少生产过程中带来的职业伤害。

2016年，中央对提升职业卫生定位和职业病防治作了一系列重要部署。同年8月，习近平总书记在全国卫生与健康大会上要求，把人民健康放在优先发展的战略地位，努力全方位全周期保障人民健康。2016年10月，中共中央、国务院印发《"健康中国2030"规划纲要》。2018年12月，第4次修订《中华人民共和国职业病防治法》。2021年12月，国家卫生健康委等印发《国家职业病防治规划（2021—2025年）》。

在此大背景下，南京科技职业学院在国内院校中率先开展责任关怀促进人才培养质量提升的探索与实践。自2009年起，学校组建责任关怀专门工作团队，调研我国化工行业、企业及院校实施责任关怀的状况，针对责任关怀理念融入化工职业教育理念、路径、方法、内容进行专门研究。2013年起，逐步形成以促进技能与素养深度融合为培养目标，以人才培养体系与行业责任关怀实施体系对接为抓手，将责任关怀融入三全育人体系、纳入职业核心素养范畴的责任关怀育人体系，率先开展"责任关怀五进三融合"绿色化工人才培养的创新实践，取得了显著成效。

为了更好地落实责任关怀工作、实现以专业对接产业，我们在考虑"责任关怀"体系和国内最新的职业健康安全实施细则的基础上，结合高职教育人才培养模式，以"能力培养"为导向，组织编写了本书。本书系统性、针对性强，内容选取上注重理论与实践相结合；注重实践创新的养成，每章后的"拓展阅读"旨在帮助读者理解知识、尝试解决践行责任关怀的行动中出现的实际问题。

本书由南京科技职业学院李冰峰、王一男主编，仓理主审。具体编写分工如下：王一男编写第一章~第三章，李冰峰编写第四章、第五章、第七章及附录，江莉莉编写第六章。全书由王一男统稿。曹洪印老师也为本书提供了素材，在此表示衷心感谢。

由于编者水平和时间所限，书中不足之处在所难免，敬请广大读者批评指正！

编者
2022 年 5 月

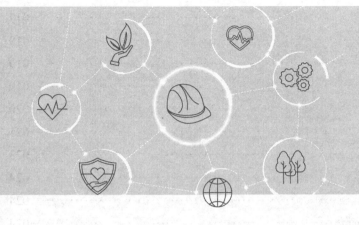

目录 CONTENTS

第一章 绪论 …… 001
第一节 职业卫生与职业病 …… 001
一、学习本课程的目的 …… 001
二、职业卫生历史和现代概念 …… 001
第二节 职业卫生工作在中国特色社会主义新时代的实施 …… 003
一、实施取得的成果 …… 003
二、尚待解决的问题 …… 005
三、"十四五"职业病防治主要指标 …… 005
第三节 职业健康安全相关法律与标准 …… 006
一、《中华人民共和国宪法》 …… 006
二、《中华人民共和国劳动法》 …… 007
三、《中华人民共和国职业病防治法》 …… 008
四、职业卫生行政法规和相关行政法规 …… 009
五、职业卫生规章和规范性文件 …… 009
六、我国批准生效的国际劳工公约 …… 011
本章小结 …… 012
拓展阅读 …… 012
思考题 …… 014

第二章 基于"责任关怀"的职业健康安全 …… 015
第一节 领导承诺与企业职责 …… 015
一、承诺的意义 …… 015
二、承诺的形式 …… 016

三、全员责任制 ·· 017
　　四、履行的职责 ·· 019
第二节　沟通与合规管理 ·· 019
　　一、沟通的基本概念 ·· 019
　　二、信息沟通要素 ·· 020
　　三、合规性管理现状 ·· 021
　　四、合规制度和合规职责 ··· 023
　　五、系统的合规监管体制 ··· 024
　　六、建设企业合规文化 ·· 024
　　七、巴斯夫集团合规计划简介 ·· 024
第三节　承包商与供应商管理 ·· 026
　　一、对承包商的管理与培训 ··· 026
　　二、对承包商的考核与评价 ··· 027
　　三、供应商的选择与考核 ··· 027
　　四、案例分析 ·· 030
第四节　职业卫生事故调查 ··· 033
　　一、职业卫生调查形式 ·· 033
　　二、案例分析 ·· 035
第五节　绩效评估与改进 ··· 037
　　一、戴明循环 ·· 037
　　二、应用 PDCA 循环提升职业病防治水平 ······························· 038
　　三、评价流程和指标 ·· 039
本章小结 ·· 040
拓展阅读 ·· 041
思考题 ··· 042

第三章　职业安全管理 ·· 043

第一节　风险管理与隐患排查 ··· 043
　　一、企业危险源识别方法 ··· 043
　　二、职业危害因素识别 ·· 044
　　三、企业安全管理风险应对 ··· 045
　　四、隐患排查的概念和流程 ··· 051
　　五、注重未遂事故的调查管理 ·· 053
　　六、提升员工安全隐患排查能力和水平 ···································· 053
　　七、隐患排查案例 ··· 054
第二节　作业安全 ·· 056

一、安全作业许可制度··056
　　　二、辨识作业现场和作业过程··057
　　　三、检维修手续和审批手续···059
　第三节　设备设施安全···060
　　　一、安全联锁··060
　　　二、变更管理··062
　第四节　安全标志··064
　　　一、工作场所职业病危害警示标识·····································064
　　　二、警示标识中安全色的含义及使用导则·····························067
　　　三、有毒物品作业岗位职业病危害告知卡·····························068
　　　四、警示标识的设置··069
　　　五、警示标识的设立与管理原则···070
　第五节　安全防护措施··071
　　　一、控制可燃物··071
　　　二、控制火源···072
　　　三、带电作业的安全规定及安全防护措施·····························072
　第六节　个体防护装备··073
　　　一、头部防护用品···073
　　　二、呼吸器官防护用品···074
　　　三、眼面部防护用品··076
　　　四、听觉器官防护用品···076
　　　五、手部防护用品···077
　　　六、足部防护用品···077
　　　七、躯干防护用品···077
　　　八、护肤用品···078
　　　九、复合防护用品···078
　　　十、管理及使用防护用品的注意事项····································078
本章小结··079
拓展阅读··079
思考题···080

第四章　职业病危害与防护···081

　第一节　职业病危害因素··081
　　　一、生产过程产生的危害因素··081
　　　二、劳动过程中的有害因素···083
　　　三、生产环境的有害因素··083

第二节 职业健康风险评估技术 083
一、健康风险评估 083
二、职业健康风险 084
三、开展职业健康风险评估的目的与意义 084
四、职业健康风险的发展历程 086
五、职业健康风险评估的方法 087

第三节 石油与化学工业中的主要职业危害 088
一、炼油生产中的主要职业危害 088
二、石油化工中的主要职业危害 089
三、石油与化学工业职业危害的主要特点 089
四、石油与化学工业职业危害造成的人体表现形式 090

第四节 职业性病损 091
一、职业病 091
二、疑似职业病 092
三、工作有关疾病 093
四、职业性外伤 093
五、危害的作用条件 093

第五节 职业禁忌证 094
一、职业禁忌 094
二、常见职业禁忌证 095

第六节 职业病防护设施 096
一、通风防护 096
二、防尘设备 097
三、化学毒物的防护设施 097
四、噪声、振动控制防护设施 098
五、射频辐射的防护设施 099
六、电离辐射设施 100
七、职业卫生防护设施与管理 100

本章小结 101
拓展阅读 101
思考题 102

第五章 职业病监测、预防与应急 103
第一节 工作场所职业危害因素监测 103
一、职业危害因素监测的意义 103
二、监测的基本方式 104

三、监测基本技术规范 ··· 107
　　四、建立有效的质量控制体系 ·· 108
　　五、工作场所监测数据评价 ··· 108
第二节　职业性急性中毒的预防 ·· 110
　　一、基本原则 ··· 110
　　二、化学品的安全技术说明书 ·· 114
　　三、加强监督管理 ·· 115
　　四、完善监测 ··· 115
　　五、严密监护 ··· 116
　　六、制定预案，健全三级救援网络 ··· 116
　　七、信息管理 ··· 117
第三节　职业性急性中毒的事故的处理 ·· 117
　　一、基本原则 ··· 117
　　二、基本任务 ··· 117
　　三、单位自救的基本程序 ··· 118
　　四、社会救援 ··· 118
　　五、职业卫生工作 ·· 118
第四节　应急救援预案与装备 ·· 119
　　一、基本原则 ··· 119
　　二、步骤 ··· 119
　　三、内容 ··· 120
　　四、应急救援的基本装备 ··· 120
本章小结 ·· 122
拓展阅读 ·· 122
思考题 ··· 122

第六章　职业体检与健康监护 ·· 123
第一节　职业健康检查 ··· 123
　　一、上岗前的健康检查 ·· 123
　　二、在岗期间的健康检查 ··· 124
　　三、离岗时的健康检查 ·· 124
　　四、应急的健康检查 ··· 124
　　五、健康状况分析 ·· 124
　　六、职业健康检查管理 ·· 124
第二节　职业健康监护 ··· 125
　　一、职业健康监护的发展历史 ·· 125

二、职业健康监护的目的 ··· 126
　　三、开展职业健康监护的界定原则 ······································· 126
　　四、职业健康监护档案 ··· 126
　　五、职业健康监护档案的保存 ·· 127
　　六、收集要求和考核 ·· 129
本章小结 ··· 129
拓展阅读 ··· 130
思考题 ·· 130

第七章　教育和培训 ··· 131

第一节　企业实施职业健康教育 ··· 131
　　一、职业健康教育目的和基本内容 ······································· 131
　　二、职业健康教育的实施 ··· 133
　　三、职业健康教育考核 ··· 133
第二节　高校实验室安全与健康管理 ·· 134
　　一、实验室设计布局合理，安全设施齐全 ······························· 134
　　二、机构健全，培训到位，监管有力 ···································· 135
本章小结 ··· 138
拓展阅读 ··· 138
思考题 ·· 141

附录 ·· 142

附录一　中华人民共和国职业病防治法（2018年修正） ················· 142
附录二　中华人民共和国化工行业标准《责任关怀实施准则》 ········· 154
附录三　责任关怀职业健康安全准则实施细则 ···························· 164
附录四　国际标准ISO 26000《社会责任指南》简介 ······················ 170

参考文献 ·· 174

第一章 绪 论

第一节 职业卫生与职业病

一、学习本课程的目的

学习这门课程，是为了保护、促进自身职业健康，预防可能的职业疾病，同时掌握工作中会遇到的与职业健康相关的工程学和管理学、法学相关知识。旨在研究化工生产中具体工作条件对健康的影响和职业性病损的检查、诊断、治疗、康复，以及通过改善工作条件，创造安全、卫生、满意和高效、甚至舒适的工作环境，提高化工企业职工的职业生命质量和劳动生产率。学习的首要任务是识别、评价、预测和控制不良工作条件中存在的职业性有害因素，以防止其对职业人群健康的损害；其次，是对国际上广为宣传和推行的"责任关怀"理念的理解并将其内化于日常的工作中，促进自身所属企业在健康监护服务的实施；再者，了解职业性病损的早期检测、诊断和处理，促使及早康复。

二、职业卫生历史和现代概念

职业是个人在社会中所从事的并以其为主要生活来源的工作种类。从事生产和服务活动的人群称职业人群。职业人群占世界人口的 50%～60%，是整个社会中最富有生命力和创造力的生产力要素，职业生涯又是人生历程中参与生产劳动和社会活动时间最长、精力最充沛的生命阶段（20～60 岁及以上）。中国石油与化工企业现有从事石油开采、石油炼制、化工、销售以及辅助产业的职业人群近七百万。所以，这一重要社会人群的身体、心理、行为、道德和社会适应性的状况将极大地影响经济发展和社会稳定。然而，由于某些生产方式的特殊性，政策的偏差，公众认识和管理的局限性，以及经济、技术发展的滞后，往往在生产工艺和劳动过程中存在着危害职业人群健康的各类因素，即所谓"职业危害因素"。长期过度暴露于这些因素之中，有可能出现职业卫生问题，如工伤、职业病和工作有关疾病。职业卫生就是识别、评价、预测、控制不良劳动条件对职业人群健康的影响，改进工艺、劳动过程，改善作业环境，保护和增进职业人群健康的一门学科。

职业卫生和职业医学学科历史悠久。我国宋朝（10 世纪）孔平仲曾指出"采石人，石末伤肺，肺焦多死"，明确了采石时产生的粉尘是采石人肺部疾病的原因，并最早描述硅沉着病

（硅肺病）症状。被西方誉为职业医学之父的意大利学者拉马齐尼（Bernardino Ramazzini，1633—1714年），于1700年出版了《论手工业者的疾病》，有史以来第一次系统论述职业性有害因素和疾病之间的关系，并且指出，在询问工人病史时，必问"从事什么职业"。英国亨特（Donald Hunter，1898—1978年）在其所著的《职业病》一书中，突出强调医师了解"环境"和"群体"的重要性，他建议职业病医师在询问病史时，加问一句话："同一工种其他工人是否有类似疾患。"自19世纪末，随着西方经济发展和科学技术进步，职业病防治工作受到关注，早期的职业卫生主要在工业领域，且主要侧重于评价和控制作业环境的不良因素，所以称工业卫生。在20世纪30年代，许多工业和科技发达的国家，通过改进生产技术设备和防护条件，以及加强法制管理和安全卫生教育，在消除和控制生产环境和生产劳动过程中的有害因素等方面取得显著成效，减少了一些常见职业病的发生，或减轻了新发职业病的病情。1950年，国际劳工组织（ILO）、世界卫生组织（World Health Organization，WHO）在第一届职业卫生联合委员会上明确提出了"职业卫生"的概念和内容：职业卫生是使从事各种职业的人在体格、精神和社会方面都获得高度的健康。1994年世界卫生组织（WHO）合作中心《北京宣言》提出"人人享有职业卫生"，职业卫生是人类健康的组成部分，是人类享有的基本权利。2006年6月公布的WHO《工人健康宣言》指出，职业卫生的目标是：促进和保持从事所有职业活动的人在身体上、精神上以及社会活动中最高度的幸福；预防由于不良工作条件而使劳动者失去健康；在工作中保护劳动者免受对健康有害因素的伤害；安排并维护其在生理和精神心理上都能够适应的环境中工作。保护劳动者健康的宗旨是为劳动者提供"有尊严的工作"。

我国20世纪50年代的职业卫生也称工业卫生，主要是防治矽尘、铅、汞、高温等主要职业病危害引起的疾病。从50年代末期开始，随着农药的广泛使用，职业卫生主要是防治工农业生产劳动中由职业性有害因素引起的职业病，所以又改名为劳动卫生。劳动卫生学与职业病学的学科概念，在我国从20世纪50年代开始一直沿用至90年代中期。我国自改革开放以来，社会生活发生了巨大的转变，职业卫生健康越来越受到国家、社会、企业、个人的重视。人们也逐步认识到，除职业性有害因素外，非职业因素，包括生活环境、社会、人际关系，心理、行为、经济水平、个人生活方式等，也对职业人群的健康和职业生命质量起重要作用。

当前，国内规模以上企业职业卫生健康工作已基本纳入国家的有效管理，但在小型企业中，在使用新技术和新化学物质的产业中，以及医疗卫生服务难以照顾所及职业人群中，仍然存在不同程度的职业危害。所谓职业人群不仅是指工人、农民，也包括服务行业的职工和其他脑力劳动者。因此，从现代观念看，职业卫生已不仅局限于工农业生产中的法定职业病和常见中毒危害的防治，而且从增进整个职业人群健康水平出发，还包括第三产业人群、脑力劳动人群在内的工作有关疾病、职业性外伤、职业性有害因素对人体健康的亚临床影响、远期效应，甚至对子代的影响的研究和防治工作。现代职业卫生的概念就是保护和增进全社会职业人群的健康，通过健康教育和健康促进，解决职业人群的一般卫生问题和特殊的与职业有关的卫生问题。

工作是人类生存和发展所必需的，适宜的、愉快的工作与健康是相互促进的。不良的工作条件不仅能影响劳动者的生活质量，而且会危及健康、导致职业性病损，严重者甚至危及生命。工作条件由三方面组成：①生产工艺过程，是工作的最基本程序，随生产技术、机器设备、使用材料、工具或器具、工艺流程或工作程序变化而改变；②工作过程，涉及针对工艺流程的工作组织、器具和设备布局、作业者操作体位、行为和工作方式、劳动强度、智力和体力劳动比例、心理状况等；③工作环境，原先指作业场所环境，包括按工艺过程建立的室内作业环境和周围大气环境，以及户外作业的大自然环境，现在也包括可影响作业者心理状态、导致职业性紧张的"人际环境"。总之，工作条件指的是一个涉及"工艺""工作"和"环境"的复合体系。职业卫生健康工作的任务应从该复合体系的三方面同时入手，评价企业该工作条件的优劣，探究职业病症原因所在，研究干预对策，从而为创造工作与健康和谐统一的工作条件提供具体的实践措施。

第二节 职业卫生工作在中国特色社会主义新时代的实施

一、实施取得的成果

步入 21 世纪，在中国特色社会主义新时代，职业卫生逐步纳入大卫生、大健康范畴统一治理，成为实施健康中国战略的一个部分。

1. 从顶层设计和具体指导推进职业卫生治理

党的十八大以来，健康中国建设持续推进。2016年中央对提升职业卫生定位和职业病防治作出一系列重要部署，同年8月习近平总书记在全国卫生与健康大会上要求，把人民健康放在优先发展的战略地位，努力全方位全周期保障人民健康。由于劳动者职业生涯占生命周期1/2以上，这无疑把职业健康摆在了更加重要的位置。10月，中共中央、国务院印发《"健康中国2030"规划纲要》，明确要求推进职业病危害源头治理，预防和控制职业病发生。12月，中共中央、国务院印发《中共中央国务院关于推进安全生产领域改革发展的意见》，对职业健康领域改革发展也提出系统性、具体化的目标和要求。党的十九大明确实施健康中国战略，将实施职业健康保护行动作为实施健康中国行动的重要内容。2019年5月，国务院常务会议进一步要求聚焦我国职业病主要病种肺尘埃沉着病（简称尘肺病），在矿山、冶金、建材等行业开展粉尘危害整治，加强职业健康监管执法，严厉查处违法违规行为。2021年12月，中华人民共和国国家卫生健康委员会（以下简称国家卫健委）印发《国家职业病防治规划（2021—2025年）》，明确了今后几年职业病防治工作的主要任务。

2. 职业卫生监管体制进一步健全

2018年2月召开的十九届三中全会将职业安全健康监督管理职责调整到国家卫健委，国家卫健委明确职业健康司拟订职业卫生、放射卫生相关政策、标准并组织实施，开展重点职业病监测、专项调查，职业健康风险评估和职业人群健康管理工作，协调开展职业病防治工作；综合监督局负责职业健康监督工作。2020年，全国职业卫生专兼职监管执法人员有 2.3 万人。2020年7月，经国务院同意，将职业病防治工作部际联席会议制度扩充至 17 个部门，进一步加强领导，提升职业病防治工作整体效能。

3. 职业卫生法治建设全面推进

2018年第4次修正《中华人民共和国职业病防治法》（以下简称《职业病防治法》），是贯彻落实党在职业病防治领域的简政放权政策和机构改革决策的具体体现。国家安全监管总局制定《职业病危害项目申报办法》等6件部门规章，人力资源社会保障部、国家卫生和计划生育委员会（以下简称国家卫生计生委）颁布《工伤职工劳动能力鉴定管理办法》。国家卫健委修订了《职业卫生技术服务机构管理办法》《工作场所职业卫生管理规定》《职业病诊断与鉴定管理办法》等部门规章，监管执法得到加强。职业卫生标准制定和修改工作有序推进。截至2020年底，我国各类职业卫生标准合计936项，其中强制性国家标准227项，国家职业卫生标准391项，卫生行业标准159项，电力、铁路等的行业标准136项。2019年6月，国家卫健委成立的职业健康标准专业委员会下设工程防护组、监测与评估组及职业病诊断组，为进一步健全职业健康标准体系提供了组织保障。

4. 职业卫生技术支撑体系逐步健全

截至2020年底，全国共建有疾病预防控制中心3384家，卫生监督机构2934个，职业健康检查机构4520个，职业病诊断机构589家，初步建立了以疾控中心、职防院（所）、综合性医院为主体，以国有企业、高等院校、科研院所、中介机构为补充的技术支撑网络。2020年4月，国家卫健委印发《关于加强职业病防治技术支撑体系建设的指导意见》，提出的总体目标为，到2025年，健全完善国家、省、市、县四级并向乡镇延伸的职业病防治技术支撑体系，基础设施、人才队伍和学科建设进一步加强，监测评估、工程防护、诊断救治等技术支撑能力进一步提升，满足新时期职业病防治工作的需要。国家卫健委职业安全卫生研究中心，作为国家级技术支撑机构之一，承担职业病防治基础研究、职业卫生技术服务、职业病诊断、职业病救治与康复工作，要继续全面加强职业卫生学科建设，不断提升技术支撑能力。

5. 职业卫生信息化水平不断提升

党将信息化作为国家治理的重要依据。2014年对"中国疾病预防控制信息系统"相关功能模块升级，建立专门的"职业病与职业卫生监测信息系统"，系统包括职业病报告卡、疑似职业病报告卡、有毒有害作业工人健康监护汇总表、职业病诊断鉴定相关信息报告卡等。2019年8月启用更加完备便捷的"职业病危害项目申报系统"，职业健康监管机构和职业健康技术支撑单位可直接查询用人单位申报的作业场所职业病危害信息，实现卫生健康系统数据共享。近年来有些用人单位利用传感器网络技术实现对工作场所职业病危害因素的实时监测，通过风险评价建立职业病危害预防控制模型。

6. 健康企业建设在各级各类企业踊跃开展

中央把健康城市和健康村镇建设作为推进健康中国建设的重要抓手，并将"健康企业覆盖率"纳入健康城市考核。健康企业已成为健康中国的微观基础，而健康企业立足于职业健康。这为职业健康工作指出了新的历史定位。2014年开展健康促进县（区）试点建设时，将健康促进企业建设纳入健康促进场所统筹推进。2016年起在不同地区开展健康企业建设试点，取得了企业职业健康保障力度加大、职工健康素养提升的实效。2019年以来，《健康企业建设规范（试行）》和《健康企业建设评估技术指南》先后公布施行，为全国各级各类企业开展健康企业建设和评估提供了基本遵循规范。目前，各地已出台激励政策和工作方案，指导健康企业建设蓬勃开展。

7. 职业病病人保障范围和渠道不断拓宽

职业病病人保障是保护劳动者职业健康权益的最后一道关口。党坚持人民至上、生命至上，不惜一切代价保护人民生命安全和身体健康。2013年修改印发《职业病分类和目录》，由原来的115种职业病扩充为132种（含4项开放性条款），为职业卫生监管和职业病预防、诊治、保障提供了依据，确保将更多劳动者职业健康权益落到实处。通过完善法律法规和政策，已形成用人单位为主要负担者，政府保基本，个人或非营利组织为补充的职业病病人经济风险分担机制，不断提高职业病病人获得保障的效率和公平性。2019年尘肺病已列入大病专项救治的病种，利用中央转移支付资金组织实施了"职业病防治项目"，进一步提升了尘肺病病人这一最大职业病群体的保障水平。

二、尚待解决的问题

随着健康中国战略的全面实施和平安中国建设不断深入，保障劳动者健康面临新的形势和要求：一是新旧职业病危害日益交织叠加，职业病和工作相关疾病防控难度加大，工作压力、肌肉骨骼疾患等问题凸显，新型冠状病毒肺炎等传染病对职业健康带来新的挑战；二是职业健康管理和服务人群、领域不断扩展，劳动者日益增长的职业健康需求与职业健康工作发展不平衡不充分的矛盾突出；三是职业病防治支撑服务和保障能力亟待加强，职业健康信息化建设滞后，职业健康专业人才缺乏，职业健康监管和服务保障能力不适应高质量发展的新要求；四是职业健康基础需要进一步夯实，部分地方政府监管责任和用人单位主体责任落实不到位，中小微型企业职业健康管理基础薄弱，一些用人单位工作场所粉尘、化学毒物、噪声等危害因素超标严重，劳动者职业健康权益保障存在薄弱环节。

三、"十四五"职业病防治主要指标

以习近平新时代中国特色社会主义思想为指导，全面贯彻党的十九大和十九届二中、三中、四中、五中、六中全会精神，深入实施职业健康保护行动，落实"防、治、管、教、建"五字策略，强化政府、部门、用人单位和劳动者个人四方责任，进一步夯实职业健康工作基础，全面提升职业健康工作质量和水平。

坚持预防为主，防治结合。强化职业病危害源头防控，督促和引导用人单位采取工程技术和管理等措施，不断改善工作场所劳动条件。建立健全职业病防治技术支撑体系，提升工程防护、监测评估、诊断救治能力。

坚持突出重点，精准防控。聚焦职业病危害严重的行业领域，深化尘肺病防治攻坚行动，持续推进粉尘、化学毒物、噪声和辐射等危害治理，强化职业病及危害因素监测评估，实现精准防控。

坚持改革创新，综合施策。深化法定职业病防控，开展工作相关疾病预防，推进职业人群健康促进，综合运用法律、行政、经济、信用等政策工具，健全工作机制，为职业健康工作提供有力保障。

坚持依法防治，落实责任。完善职业健康法律法规和标准规范，加强监管队伍建设，提升监管执法能力。落实地方政府领导责任、部门监管责任、用人单位主体责任和劳动者个人责任，合力推进职业健康工作。

到 2025 年，职业健康治理体系更加完善，职业病危害状况明显好转，工作场所劳动条件显著改善，劳动用工和劳动工时管理进一步规范，尘肺病等重点职业病得到有效控制，职业健康服务能力和保障水平不断提升，全社会职业健康意识显著增强，劳动者健康水平进一步提高。

表 1-1 为"十四五"职业病防治主要指标。

表 1-1 "十四五"职业病防治主要指标

序号	指标名称	目标值
1	工伤保险参保人数	稳步提升
2	工业企业职业病危害项目申报率	≥90%
3	工作场所职业病危害因素监测合格率	≥85%
4	非医疗放射工作人员个人剂量监测率	≥90%
5	重点人群职业健康知识知晓率	≥85%
6	尘肺病患者集中乡镇康复服务覆盖率	≥90%
7	职业卫生违法案件查处率	100%
8	依托现有医疗资源，省级设立职业病防治院所	100%
9	省级至少确定一家机构承担粉尘、化学毒物、噪声、辐射等职业病危害工程防护技术指导工作	100%
10	设区的市至少确定 1 家公立医疗卫生机构承担职业病诊断工作	100%
11	县区至少确定 1 家公立医疗卫生机构承担职业健康检查工作	95%

第三节 职业健康安全相关法律与标准

我国的职业卫生法律法规按其立法主体、法律效力不同，可分为宪法、职业卫生法律、职业卫生行政法规、地方性职业卫生法规、职业卫生规章。此外，还有我国批准生效的有关职业卫生方面的国际条约。

一、《中华人民共和国宪法》

我国《宪法》第四十二条规定：中华人民共和国公民有劳动的权利和义务。

国家通过各种途径，创造劳动就业条件，加强劳动保护，改善劳动条件，并在发展生产的基础上，提高劳动报酬和福利待遇。

劳动是一切有劳动能力的公民的光荣职责。国有企业和城乡集体经济组织的劳动者都应当以国家主人翁的态度对待自己的劳动。国家提倡社会主义劳动竞赛，奖励劳动模范和先进工作者。国家提倡公民从事义务劳动。

国家对就业前的公民进行必要的劳动就业训练。

第四十三条规定：中华人民共和国劳动者有休息的权利。

国家发展劳动者休息和休养的设施,规定职工的工作时间和休假制度。

第四十八条规定:中华人民共和国妇女在政治的、经济的、文化的、社会的和家庭的生活等各方面享有同男子平等的权利。

国家保护妇女的权利和利益,实行男女同工同酬,培养和选拔妇女干部。

二、《中华人民共和国劳动法》

1994年7月5日,第八届全国人民代表大会常务委员会第八次会议审议通过了《中华人民共和国劳动法》(以下简称《劳动法》)。该法作为我国第一部全面调整劳动关系的法律,以国家意志把实现劳动者的权利建立在法律保证的基础上,既是劳动者在劳动问题上的法律保障,又是每一个劳动者在劳动过程中的行为规范。它的颁布,改变了我国劳动立法落后的状况,不仅提高了劳动法律规范的层次和效力,而且为制定其他相关法规,建立完备的劳动法律体系奠定了基础。根据2009年8月27日第十一届全国人民代表大会常务委员会第十次会议《关于修改部分法律的决定》第一次修正;根据2018年12月29日第十三届全国人民代表大会常务委员会第七次会议《关于修改〈中华人民共和国劳动法〉等七部法律的决定》第二次修正。

《劳动法》共分十三章一百零七条,其中第六章为"劳动安全卫生"方面的条款(第五十二至第五十七条)。其主要内容如下。

第五十二条规定:"用人单位必须建立、健全劳动安全卫生制度,严格执行国家劳动安全卫生规程和标准,对劳动者进行劳动安全卫生教育,防止劳动过程中的事故,减少职业危害。"第五十四条规定:"用人单位必须为劳动者提供符合国家规定的劳动安全卫生条件和必要的劳动防护用品,对从事有职业危害作业的劳动者应当定期进行健康检查。"

"用人单位"是指中国境内的企业、个体经济组织。劳动者与国家机关、事业组织、社会团体建立劳动合同关系时,国家机关、事业组织、社会团体也可视为用人单位。

"劳动安全卫生制度"主要指:安全生产责任制、安全技术措施计划制度、安全生产教育制度、安全卫生检查制度、伤亡事故职业病统计报告和处理制度等。

"劳动安全卫生规程和标准"是指:关于消除、限制或预防劳动过程中的危险和危害因素,保护职工安全与健康,保障设备、生产正常运行而制定的统一规定。劳动安全卫生标准共分三级,即国家标准、行业标准和地方标准。

"国家规定"主要指:《工厂安全卫生规程》《建筑安装工程安全技术规程》及其他一些国家标准,如《工业企业设计卫生标准》《工业企业场内运输安全规程》等。

要求企业提供的劳动安全卫生条件,主要包括工作场所和生产设备。工作场所的光线应当充足,噪声、有毒有害气体和粉尘浓度不得超过国家规定的标准,建筑施工、易燃易爆和有毒有害等危险作业场所应当设置相应的防护措施、报警装置、通信装置、安全标志等。对危险性大的生产设备设施,如锅炉、压力容器、起重机械、电梯、企业内机动车辆、空运架空索道等,必须经过安全评价认可,取得劳动部门颁发的安全使用许可证后方可投入运行。企业提供的劳动防护用品,必须是经过政府劳动部门安全认证合格的劳动防护用品。对从事有毒有害作业的人员应定期进行身体健康检查。

《劳动法》第五十五条规定:"从事特种作业的劳动者必须经过专门培训并取得特种作业资格。"

"特种作业"指对操作者本人及他人和周围设施的安全有重大危险因素的作业。国家标准有《特种作业人员安全技术培训考核管理规则》(2010年4月26日国家安全生产监督管理总局局长办公会议审议通过，自2010年7月1日起施行)。对特种作业的范围和特种作业人员条件、培训、考核等作出了明确规定。

《劳动法》第五十六条规定："劳动者在劳动过程中必须严格遵守安全操作规程。劳动者对用人单位管理人员违章指挥、强令冒险作业，有权拒绝执行；对危害生命安全和身体健康的行为，有权提出批评、检举和控告。"

该规定明确了劳动者在劳动安全卫生方面享有的权利和承担的义务。

《劳动法》第五十七条规定："国家建立伤亡事故和职业病统计报告和处理制度。县级以上各级人民政府劳动行政部门、有关部门和用人单位应当依法对劳动者在劳动过程中发生的伤亡事故和劳动者的职业病状况，进行统计、报告和处理。"规定这一制度的目的是及时统计、发现、处理职业病和伤亡事故，积极采取预防措施，防止和减少职业病的危害，防止伤亡事故的发生。

三、《中华人民共和国职业病防治法》

中华人民共和国第九届全国人民代表大会常务委员会第二十四次会议于2001年10月27日通过了《中华人民共和国职业病防治法》。该法于2002年5月1日起施行。2018年12月29日第十三届全国人民代表大会常务委员会第七次会议通过了对《中华人民共和国职业病防治法》(简称《职业病防治法》)的第四次修订。此次修订是根据国务院机构改革方案，将国家安全生产监督总局的职业安全健康监督管理职责移交至国家卫健委。

职业病的分类和目录由国家卫健委规定、调整并公布。职业病防治工作坚持预防为主、防治结合的方针，实行分类管理、综合治理。劳动者依法享有职业卫生保护的权利。

用人单位的义务和责任是：为劳动者创造符合国家职业卫生标准和卫生要求的工作环境和条件，并采取措施保障劳动者获得职业卫生保护；建立、健全职业病防治责任制，加强对职业病防治的管理，提高职业病防治水平，对本单位产生的职业病危害承担责任；必须依法参加工伤社会保险。

产生职业病危害的用人单位的设立除应当符合法律、行政法规规定的设立条件外，其工作场所还应当符合下列职业卫生要求：

① 职业病危害因素的强度或者浓度符合国家职业卫生标准；
② 有与职业病危害防护相适应的设施；
③ 生产布局合理，符合有害与无害作业分开的原则；
④ 有配套的更衣间、洗浴间、孕妇休息间等卫生设施；
⑤ 设备、工具、用具等设施符合保护劳动者生理、心理健康的要求；
⑥ 法律、行政法规和国务院卫生行政部门关于保护劳动者健康的其他要求。

在卫生行政部门中建立职业病危害项目的申报制度。用人单位设有依法公布的职业病目录所列职业病的危害项目的，应当及时、如实向卫生行政部门申报，接受监督。

此外，还有许多法律的条款中涉及职业卫生内容，如《中华人民共和国安全生产法》《中华人民共和国工会法》《中华人民共和国清洁生产促进法》《中华人民共和国全民所有制工业企业法》《中华人民共和国标准化法》等。

四、职业卫生行政法规和相关行政法规

1.《使用有毒物品作业场所劳动保护条例》

2002年4月30日第352号国务院令通过，于2002年5月12日起实施的《使用有毒物品作业场所劳动保护条例》共八章七十一条。该条例作为职业病防治法配套的行政法规，在使用有毒物品作业场所的卫生许可证制度、工伤保险、高毒特殊作业管理规定、职业卫生医师和护士制度、卫生行政部门责任、职业健康监护制度、责任追究等方面都有明确规定，对于规范使用有毒物品作业场所的劳动保护具有重要意义。

2.《中华人民共和国尘肺病防治条例》

1987年12月3日第105号国务院令发布实施的《中华人民共和国尘肺病防治条例》。该条例是为保护职工健康，消除粉尘危害，防止发生尘肺病，促进生产发展而制定的。其适用范围为所有有粉尘作业的企业、事业单位。

3.《危险化学品安全管理条例》

《危险化学品安全管理条例》于2011年2月16日国务院第144次常务会议修订通过（国务院令第591号），自2011年12月1日起施行。该条例旨在加强对危险化学品的安全管理，预防和减少危险化学品事故，保障人民群众生命财产安全，保护环境。其适用范围包括在中华人民共和国境内生产、经营、储存、运输、使用危险化学品的单位。

4.《放射性同位素与射线装置安全和防护条例》

2005年8月31日，国务院第104次常务会议修订通过《放射性同位素与射线装置安全和防护条例》（国务院令第449号），自2005年12月1日起施行，该条例是为了加强对放射性同位素、射线装置安全和防护的监督管理，促进放射性同位素、射线装置的安全应用，保障人体健康，保护环境而制定的。

5.《生产安全事故报告和调查处理条例》

国务院于2007年发布实施《生产安全事故报告和调查处理条例》，该条例是为了规范生产安全事故的报告和调查处理，落实生产安全事故责任追究制度，防止和减少生产安全事故，根据《安全生产法》和有关法律而制定的，适用于生产经营活动中发生的造成人身伤亡或者直接经济损失的生产安全事故的报告和调查处理。

五、职业卫生规章和规范性文件

地方性职业卫生法规是指省、自治区、直辖市的人民代表大会及其常务委员会，为执行和实施宪法、职业卫生安全法律、职业卫生安全行政法规，根据本行政区域的具体情况和实际需要，在法定权限内制定、发布的规范性文件。经常以"条例""办法"等形式出现。职业卫生行政法规、地方性职业卫生法规、职业卫生规章均是职业卫生法律的必要补充或具体化。

1.《职业病分类和目录》

2013年12月23日,由国家卫生计生委、人力资源社会保障部、国家安全监管总局和全国总工会4部门印发。《职业病分类和目录》将法定职业病分为10类132种,具体包括:职业性尘肺病及其他呼吸系统疾病19种、职业性皮肤病9种、职业性眼病3种、职业性耳鼻喉口腔疾病4种、职业性化学中毒60种、物理因素所致职业病7种、职业性放射性疾病11种、职业性传染病5种、职业性肿瘤11种和其他职业病3种。

2.《职业病危害因素分类目录》

《职业病危害因素分类目录》(国卫疾控发〔2015〕92号)将国家法定职业病危害因素按照粉尘类、化学因素、物理因素、放射性因素、生物因素和其他职业病危害因素六大类进行了详细列举,为用人单位建设项目职业病危害评价、申报及职业健康监护提供了依据。该目录还对危害因素的行业和工种分布进行了举例。

3.《高毒物品目录》

依据《职业病防治法》《使用有毒物品作业场所劳动保护条例》等有关法律法规,卫生部于2003年制定并发布了《高毒物品目录》。

4.《建设项目职业病危害风险分类管理目录》

国家卫生健康委2021年组织修订了《建设项目职业病危害风险分类管理目录》(国卫办职健发〔2021〕5号令),是在《职业病危害因素分类目录》(国卫疾控发〔2015〕92号)基础上,按照《国民经济行业分类》(GB/T 4754—2017)对建设项目和用人单位可能存在职业病危害的风险程度进行的行业分类。

5.《职业病诊断与鉴定管理办法》

2021年1月4日起实施的《职业病诊断与鉴定管理办法》(中华人民共和国国家卫生健康委员会令第6号),对职业病诊断机构和从事职业病诊断工作人员的条件和职责、职业病诊断原则、诊断和职业病诊断鉴定书、职业病诊断档案管理、职业病鉴定程序、鉴定专家库的设立及管理,以及鉴定委员会的组织原则等做了详细的规定。

6.《国家职业卫生标准管理办法》

自2002年5月1日起施行的《国家职业卫生标准管理办法》(卫生部令第20号)规定,有关职业病的国家职业卫生标准工作,由国务院卫生行政部门组织制定并公布,由全国卫生标准技术委员会按照《全国卫生标准技术委员会章程》及有关规定,对国家职业卫生标准进行技术审查,通过后以通告形式公布。

7.《工作场所职业卫生管理规定》

2021年2月1日起施行的《工作场所职业卫生管理规定》(中华人民共和国国家卫生健康委员会令第5号),该规定从用人单位职业卫生管理机构与人员的设置、规章制度建设、作业环境管理、劳动者管理、职业健康监护、档案管理、材料和设备管理等方面,对用人单位职业卫生管理的主体责任进行了细化规定，完善了职业卫生监管的有关内容。

8.《职业病危害项目申报办法》

由国家安全生产监督管理总局制定的《职业病危害项目申报办法》(第48号令)，自2012年6月1日起施行。根据《职业病危害项目申报办法》，用人单位（煤矿除外）工作场所存在职业病目录所列职业病的危害因素的，应当及时、如实向所在地安全生产监督管理部门申报危害项目，并接受安全生产监督管理部门的监督管理。

9.《用人单位职业健康监护监督管理办法》

由国家安全生产监督管理总局制定的《用人单位职业健康监护监督管理办法》(第49号令)，自2012年6月1日起施行。该办法指明了用人单位是职业健康监护工作的责任主体，其主要负责人对本单位职业健康监护工作全面负责；对岗前、在岗、离岗、应急体检和健康监护档案提出了明确的要求和规定，制定了监管部门的监督检查内容。

10.《职业卫生技术服务机构管理办法》

《职业卫生技术服务机构管理办法》(国家卫健委第4号令)已于2020年12月4日第2次委务会议审议通过，自2021年2月1日起施行。为贯彻落实新修订的《职业病防治法》《深化党和国家机构改革方案》及国家"放管服"改革的有关精神，进一步规范职业卫生技术服务机构资质认可和监督管理，国家卫健委在总结以前的《职业卫生技术服务机构监督管理暂行办法》贯彻落实情况的基础上制定了《职业卫生技术服务机构管理办法》。

11.《建设项目职业病防护设施"三同时"监督管理办法》

《建设项目职业病防护设施"三同时"监督管理办法》(国家安全监管总局第90号令)，自2017年5月1日起施行。该办法围绕可能产生职业病危害的新建、改建、扩建和技术改造、技术引进建设项目职业病防护设施建设及其监督管理，明确提出了建设项目职业病危害预评价、职业病防护设施设计、职业病危害控制效果评价和职业病防护设施竣工验收等要求。其范围包括所有存在或产生《职业病危害因素分类目录》所列职业病危害因素的建设项目。《建设项目职业病防护设施"三同时"监督管理办法》的出台是强化前期预防，从源头上控制职业病危害的重要措施。

12.《职业卫生档案管理规范》

为加强用人单位职业卫生管理，保证职业卫生档案完整、准确和有效利用，推进用人单位职业病防治主体责任的落实，2013年12月国家安全生产监督管理总局制定了《职业卫生档案管理规范》。

六、我国批准生效的国际劳工公约

我国批准生效的国际劳工公约也是我国职业卫生安全法规形式的重要组成部分。国际劳工公约，是国际职业卫生安全法律规范的一种形式，它不是国际劳工组织直接实施的法律规范，而是由会员国批准，并由会员国作为制定国内职业卫生安全法规依据的公约文本。国际劳工公约经国家权力机关批准后，批准国应采取必要的措施使公约发生效力，并负有实施已批准的劳工公约的国际法义务。到目前为止，我国已经加入的有关职业卫生公约有《职业安全和卫生及工作环境公约》《作业场所安全使用化学品公约》《建筑业安全卫生公约》和《三方协商促进履行国际劳工标准公约》等。

本章小结

本章介绍了职业卫生历史和现代概念、在中国特色社会主义新时代职业卫生工作取得的成果和尚待解决的问题，以及我国职业健康安全相关法律法规。

/ 拓展阅读

习近平在全球健康峰会上的讲话

新华社北京 2021 年 5 月 21 日电

携手共建人类卫生健康共同体——在全球健康峰会上的讲话

中华人民共和国主席 习近平

尊敬的德拉吉总理，
尊敬的冯德莱恩主席，
各位同事：

很高兴出席全球健康峰会。去年，二十国集团成功举行了应对新冠肺炎特别峰会和利雅得峰会，就推动全球团结抗疫、助力世界经济恢复达成许多重要共识。

一年多来，疫情起伏反复，病毒频繁变异，百年来最严重的传染病大流行仍在肆虐。早日战胜疫情、恢复经济增长，是国际社会的首要任务。二十国集团成员应该在全球抗疫合作中扛起责任，同时要总结正反两方面经验，抓紧补短板、堵漏洞、强弱项，着力提高应对重大突发公共卫生事件能力和水平。下面，我想谈 5 点意见。

第一，坚持人民至上、生命至上。抗击疫情是为了人民，也必须依靠人民。实践证明，要彻底战胜疫情，必须把人民生命安全和身体健康放在突出位置，以极大的政治担当和勇气，以非常之举应对非常之事，尽最大努力做到不遗漏一个感染者、不放弃一个病患者，切实尊重每个人的生命价值和尊严。同时，要保证人民群众生活少受影响、社会秩序总体正常。

第二，坚持科学施策，统筹系统应对。面对这场新型传染性疾病，我们要坚持弘扬科学精神、秉持科学态度、遵循科学规律。抗击疫情是一场总体战，要系统应对，统筹药物和非药物干预措施，统筹常态化精准防控和应急处置，统筹疫情防控和经济社会发展。二十国集团成员要采取负责任的宏观经济政策，加强相互协调，维护全球产业链供应链安全顺畅运转。要继续通过缓债、发展援助等方式支持发展中国家尤其是困难特别大的脆弱国家。

第三，坚持同舟共济，倡导团结合作。这场疫情再次昭示我们，人类荣辱与共、命运相连。面对传染病大流行，我们要秉持人类卫生健康共同体理念，团结合作、共克时艰，坚决反对各种政治化、标签化、污名化的企图。搞政治操弄丝毫无助于本国抗疫，只会扰乱国际抗疫合作，给世界各国人民带来更大伤害。

第四，坚持公平合理，弥合"免疫鸿沟"。我在一年前提出，疫苗应该成为全球公共产品。当前，疫苗接种不平衡问题更加突出，我们要摒弃"疫苗民族主义"，解决好疫苗产能和分配问题，增强发展中国家的可及性和可负担性。疫苗研发和生产大国要负起责任，多提供一些疫苗给有急需的发展中国家，支持本国企业同有能力的国家开展联合研究、授权生产。多边金融机构应该为发展中国家采购疫苗提供包容性的融资支持。世界卫生组织要加速推进"新冠肺炎疫苗实施计划"。

第五，坚持标本兼治，完善治理体系。这次疫情是对全球卫生治理体系的一次集中检验。我们要加强和发挥联合国和世界卫生组织作用，完善全球疾病预防控制体系，更好预防和应对今后的疫情。要坚持共商共建共享，充分听取发展中国家意见，更好反映发展中国家合理诉求。要提高监测预警和应急反应能力、重大疫情救治能力、应急物资储备和保障能力、打击虚假信息能力、向发展中国家提供支持能力。

各位同事！

在这场史无前例的抗疫斗争中，中国得到很多国家支持和帮助，中国也开展了大规模的全球人道主义行动。去年5月，我在第七十三届世界卫生大会上宣布中国支持全球抗疫合作的5项举措，正在抓紧落实。在产能有限、自身需求巨大的情况下，中国履行承诺，向80多个有急需的发展中国家提供疫苗援助，向43个国家出口疫苗。中国已为受疫情影响的发展中国家抗疫以及恢复经济社会发展提供了20亿美元援助，向150多个国家和13个国际组织提供了抗疫物资援助，为全球供应了2800多亿只口罩、34亿多件防护服、40多亿份检测试剂盒。中非建立了41个对口医院合作机制，中国援建的非洲疾控中心总部大楼项目已于去年年底正式开工。中国同联合国合作在华设立全球人道主义应急仓库和枢纽也取得了重要进展。中国全面落实二十国集团"暂缓最贫困国家债务偿付倡议"，总额超过13亿美元，是二十国集团成员中落实缓债金额最大的国家。

为继续支持全球团结抗疫，我宣布：

——中国将在未来3年内再提供30亿美元国际援助，用于支持发展中国家抗疫和恢复经济社会发展。

——中国已向全球供应3亿剂疫苗，将尽己所能对外提供更多疫苗。

——中国支持本国疫苗企业向发展中国家进行技术转让，开展合作生产。

——中国已宣布支持新冠肺炎疫苗知识产权豁免，也支持世界贸易组织等国际机构早日就此作出决定。

——中国倡议设立疫苗合作国际论坛，由疫苗生产研发国家、企业、利益攸关方一道探讨如何推进全球疫苗公平合理分配。

各位同事！

古罗马哲人塞涅卡说过，我们是同一片大海的海浪。让我们携手并肩，坚定不移推进抗疫国际合作，共同推动构建人类卫生健康共同体，共同守护人类健康美好未来！

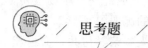

思考题

1. 学习本课程的目的是什么？
2. 工作条件由哪三方面组成？
3. 职业卫生工作在中国特色社会主义新时代取得了哪些成果？
4. 责任关怀产品职业健康安全准则实施的目的是什么？
5. 我国的职业卫生法律法规按其立法主体、法律效力不同，可分为哪几类？

第二章 基于"责任关怀"的职业健康安全

第一节 领导承诺与企业职责

企业的最高管理者应保证对职业健康安全的愿景和目标、组织机构、职责权限、制度/程序、能力、意识教育等进行策划和实施,形成明确的、公开的、文件化的承诺。企业的最高管理者应提供策划和实施职业健康安全所需的资源,包括资金和人力资源,推动持续改进。企业最高管理者应推动企业建立良好的职业健康安全文化,提高企业整体职业健康安全文化水平。

一、承诺的意义

知识经济时代变化是唯一不变的,企业在激烈的市场竞争中想取得一定的地位甚至成为行业内的优秀者,就需要其领导者保持敏锐的观察力、清晰的思路,为企业做好战略定位,同时在战术执行中有足够的人才支持,尤其是具有创新意识及能力的现代化技能型从业者。

一个企业具有这样的从业者,才能够获得一定的市场竞争力,但要想保持竞争力就需要企业对员工具有向心力。因此一个化工类生产企业,领导在职业卫生健康领域的承诺和践行显得尤为突出。

① 企业的领导者需要高度重视职业卫生健康与员工对企业向心力的关系。知识经济时代的竞争归结到一点上就是人的竞争,具有主人翁意识的员工不仅具有稳定性,在思想上认同企业的文化和价值观,而且在行为上表现出更多的组织公民行为,为企业的发展出谋划策,重视企业的利益和荣誉,能够为企业带来额外的收益。

因此,具有主人翁意识的员工是任何组织都需要的。员工的高离职率会影响工作的正常开展,增加化工企业的招聘和培训成本,还会影响在职员工的情绪,这些都将给企业造成极大的损失。

然而,具有主人翁意识的员工并不是天生的,需要领导者加以引导和培养。领导行动上要重视提高员工的收入和福利待遇、对企业的认同感,并且将这种善待员工的态度贯穿于日常的工作中，探索出适合企业特点的方式方法。而对职业卫生健康领域的付出和长期坚持，将会随着时间的流逝而放大其价值。在员工管理上，从招聘到离职或退休整个过程对员工职业卫生健康环节进行规范、模范的管理，将会在员工对企业的向心力上看到实打实的加分。

② 企业需要为员工实施无差别职业卫生健康方面的管理。化工企业领导要承诺提供具有"竞争力""无差别"的关注和资源保障，重视员工在职业卫生健康方面的反馈与沟通。通过对实施"责任关怀"的化工企业了解，统计分析相关职业卫生数据和员工的忠诚度的差异发现，不同类型和规模的化工企业在职业卫生领域的投入和离职率有很强的正相关性。虽然企业类型和规模是企业自身短时间内无法改变的，但企业在力所能及的情况下有效、持续对职业卫生健康方面的人力、物力资源的投入，长期测算下，在一定程度上大大降低了企业的用工成本。

③ 领导应承诺不断改善和优化企业在职业卫生领域的行为和方式，构建企业愿景和目标、组织机构、确定职责权限、指定制度和程序，因地制宜地开展职业卫生健康工作，从而实现员工身心健康的最大化。大量的实证证明具有这样格局的领导，在组织的有效实施企业的承诺中，都能够显著正向影响员工的工作态度和行为，在践行职业健康安全方面的承诺时，企业领导赢得下属尊重，营造和谐的工作氛围，并能切实注重下属的具体职业岗位情况改善其职业卫生安全状况。

④ 基于领导承诺的放大作用，在注重员工日常工作的职业卫生健康领域的投入和绩效反馈的前提下，培养企业文化在注重职业卫生健康的方面的传统，注重下属对领导承诺的反馈，强化他们对企业文化和价值观的认同，同时内化为实际行动，与企业形成一定的伦理契约。从而通过领导承诺让员工在职业卫生方面建立对企业的向心力，在行为上表现出更多的组织公民行为。

二、承诺的形式

承诺（commitment）是组织行为学用于解释成员/企业的一致性行为的一个重要态度概念，指的是成员对认定的事业（或者组织）抱有的一种"赌注"性认同心态，这种心态会带来与利益相关的一致性行为。在组织行为学领域，"组织承诺"（organizational commitment）为研究重点之一。组织承诺被界定为："成员对于特定组织及其目标的认同，并且希望保持组织成员身份的一种心态。"即高水平组织承诺意味着成员对于所在组织的认同。最早研究组织中成员承诺行为的学者，认为成员对组织的投入越多，就越不愿意离开该组织，一旦离开组织，可能损失各种利益。

责任关怀自20世纪80年代中叶开始，经过近40年的传播，越来越多的国家、园区、企业、学校参与其中，这其中既有国家承诺、也有企业承诺，大家相信，这样的理念的持续推进，必将会改变化工行业的各种弊端，使得企业走上可持续发展之路。围绕在"责任关怀"相关各级推进所开展的各类活动，就是组织成员的生动"承诺形式"。承诺的显性和具象化如图2-1、图2-2

图2-1　瓦克化学承诺实施责任
　　　关怀全球宪章的签署证书

所示。可以把这样的承诺展现在企业自身的官方网站上,这就是在时刻告诫成员自己,投入得这么多,不能违背"承诺",否则得不偿失。

图 2-2　万华化学 2009 年责任关怀报告

> 企业应制定全员责任制,明确领导层、各级管理人员、操作人员、劳务派遣人员、承包商人员等在企业生产经营活动中应当承担的职业健康安全职责。
> 企业应设置职业健康安全委员会,由企业主要负责人担任委员会主任,定期召开会议,研究企业职业健康安全工作开展和绩效执行情况。

三、全员责任制

全面加强企业全员责任制工作,是推动企业落实职业健康安全主体责任的重要抓手,有利于减少企业"三违"现象(违章指挥、违章作业、违反劳动纪律)的发生,有利于降低因人的不安全行为造成的生产安全事故,对解决企业安全生产责任传导不力问题,维护广大从业人员的生命安全和职业健康具有重要意义。

1. 基础在全员——层层负责、人人有责、各负其责

企业全员责任制是由企业根据安全生产法律法规和相关标准要求,在生产经营活动中,根据企业岗位的性质、特点和具体工作内容,明确所有层级、各类岗位从业人员的安全生产责任,通过加强教育培训、强化管理考核和严格奖惩等方式,建立起安全生产工作"层层负责、人人有责、各负其责"的工作体系。

企业全员责任制的建立首要是依法依规。企业要按照《中华人民共和国安全生产法》《中华人民共和国职业病防治法》等法律法规规定,参照《企业安全生产标准化基本规范》和《企业安全生产责任体系五落实五到位规定》等有关要求,结合企业自身实际制定职业健康安全责任体系。

法定代表人和实际控制人同为职业健康安全第一责任人,对本单位的职业健康安全工作全面负责。企业设有董事长、党组织书记、总经理的,应当对本单位该工作共同承担领导责任。主要技术负责人负有安全生产技术决策和指挥权。

企业其他领导班子成员既要对具体分管业务工作负责,也要对分管领域内的有关职业健康安全工作负责,始终做到把职业健康安全与其他业务工作同研究、同部署、同督促、同检

查、同考核、同问责，真正做到"两手抓、两手硬"。

企业主要负责人应结合企业自身实际，明确从主要负责人自身到一线从业人员的具体职责与权限、责任范围和考核标准，将职业健康安全责任制覆盖本企业所有组织和岗位。其中还需特别强调从业人员包括"劳务派遣人员""实习学生"等。

2. 做实在考核——责任清、易操作、真考核

企业岗位职业健康安全责任要想真正落到实处，务必要做到"责任清、易操作、真考核"。

"责任清"就要求企业在分解落实各岗位责任时，应当按照"一岗一清单"的要求，细化制定各岗位工作人员的职业健康安全责任清单，明确各岗位工作人员的责任范围、考核标准、奖惩办法等内容，并签订责任书，加强监督考核，督促落实到位。同时加强企业全员责任制公示。企业要在适当位置对全员责任制进行长期公示。公示的内容主要包括：所有层级、所有岗位的责任、责任范围、责任考核标准等。"长期公示"的根本就是要让每一个人牢记自身职责，时时挂念。

"易操作"就是要强调一线作业人员的岗位职业健康安全责任要切合实际，力求"简明扼要、便于掌握、实用管用"，做到通俗易懂。既要避免上下一般粗的千篇一律，也要避免如保险合同般的繁杂条款。其责任内容、范围、考核标准要简明扼要、清晰明确、便于操作、适时更新。

"真考核"就是要加强落实企业全员安全生产责任制的考核管理。企业要建立健全职业健康安全责任制管理考核制度，对全员责任制落实情况进行考核管理。要健全激励约束机制，通过奖励主动落实、全面落实责任，惩处不落实责任、部分落实责任，不断激发全员参与职业健康安全工作的积极性和主动性，形成良好的安全文化氛围。

国内大中型企业和各类规模以上企业要建立由董事长或总经理任主任的职业健康安全委员会，定期向董事会、业绩考评部门报告职业健康工作情况。建立企业负责人绩效年薪与职业健康安全挂钩制度。

3. 强化在执法，健全"黑名单"制度

地方各级负有职业健康安全的监督管理职责的部门要按照"谁主管、谁负责"的要求，切实履行职业健康安全监督管理职责，加强对企业建立和落实全员责任制工作的指导督促和监督检查。对企业全员责任制监督检查明确四个方面的内容：一是企业全员职业健康安全责任制建立情况；二是企业责任制公示情况；三是企业全员责任制教育培训情况；四是企业全员责任制考核情况。

强化监督检查和依法处罚。地方各级负有职业健康安全监督管理职责的部门要把企业建立和落实全员责任制情况纳入年度执法计划，加大日常监督检查力度，督促企业全面落实主体责任。对企业主要负责人未履行建立健全全员责任制职责，直接负责的主管人员和其他直接责任人员未对从业人员（含被派遣劳动者、实习学生等）进行相关教育培训或者未如实记录教育培训情况等违法违规行为，由地方各级负有监督管理职责的部门依照相关法律法规予以处罚。健全职业健康安全不良记录"黑名单"制度，因拒不落实企业全员责任制而造成严重后果的，要纳入惩戒范围，并定期向社会公布。

四、履行的职责

企业应按法规要求设置职业健康安全管理机构或配备职业健康安全管理人员履行下列职责：

① 组织或者参与制定企业职业健康安全规章制度、操作规程和事故应急救援预案；
② 组织或者参与企业职业健康安全教育和培训，如实记录教育和培训情况；
③ 组织或者参与企业应急救援演练；
④ 检查企业的职业健康安全状况，及时排查事故隐患，提出改进建议；
⑤ 督促落实企业职业健康安全整改措施；
⑥ 企业从业人员可通过以下多种方式参与职业健康安全相关活动：
⑦ 作业指导书等职业健康安全文件的编制和讨论；
⑧ 职业健康安全危害因素识别、评估和防护措施；
⑨ 职业健康安全隐患排查及整改，应急演练，事故事件的调查；
⑩ 职业健康安全文化建设。

第二节　沟通与合规管理

> 企业应建立文件化的与内部和外部沟通程序并予以实施，收集企业内部及相关方反馈信息。企业应通过合同、公告栏、培训、安全标志等方式进行职业健康安全信息沟通，沟通内容包括但不限于：
> ——危险源；
> ——职业健康安全危害及其后果；
> ——风险评估；
> ——控制措施；
> ——职业健康安全规章制度、操作规程等；
> ——职业健康检查结果；
> ——作业场所职业性危害因素检测与评价结果；
> ——应急处置措施。

一、沟通的基本概念

一项企业决策的施行，需要一个有效的沟通过程。有效沟通，就是使决策内容在决策者与执行者之间准确清晰地传达。决策信息传达的准确度决定了能否实现有效沟通。在决策施行前，必要的有效沟通，可以减轻因信息失误造成的不利决策。

要想实现有效沟通，在内部管理沟通过程中，应明确以下内容：

首先，沟通前有计划。在公司进行内部决策时，应对整个决策沟通过程有计划。在沟通前需制定明确的沟通计划。计划中，要明确各沟通要素，包括相关决策者和执行者，有利因素,不利因素,执行结果预测以及应急处理等。

其次,沟通中明确沟通目标、沟通原则、沟通渠道和沟通形式。

沟通目标:上行沟通无阻,下行沟通有效,横向沟通顺畅,关键的信息能够在公司内部的相关部门人员中顺畅、准确地流动;通过信息共享拓展思路,促进工作;通过沟通,增进了解,加强信任,形成真诚、愉悦、积极向上的职业健康安全管理工作氛围。

沟通原则:平等原则、双向原则、规范化原则下的双向互动。

沟通渠道:内部信息沟通渠道包括正式沟通、非正式沟通和其他沟通。其中正式沟通为文件、工作计划与总结、各项工作报表、各项工作记录等各类书面沟通和董事会办公会、总经理办公会、公司级专项工作会议、机关部门级专项会议、机关部门例会、项目例会等会议沟通。非正式沟通为户外培训拓展运动、开放日家属交流活动等。其他沟通为企业门户网站、企业QQ及微信群、企业公众号、公司电子邮箱、董事长电子邮箱、总经理电子邮箱、职能部门负责人电子邮箱、电话沟通等网络沟通。

沟通形式:语言沟通和非语言沟通。

最后,提高沟通中信息传递的有效性。第一,在沟通中,要确保信息的准确性。在对职业卫生健康相关信息的传递过程中,要消除"噪声"所带来的干扰,这里的"噪声"非职业卫生上的噪声,而是其他对信息的曲解和异读,从而保证信息传递过程中的高质量,从发送者到接收者的准确性。另外,还要注意时效性,信息能否及时从发送者传递到接收者也影响着职业卫生工作的沟通效果。第二,在沟通过程中,信息需要个性化。应根据不同的接收者,不同的时间,不同的工作环境,对不同信息进行个性化处理后,再进行传递,这样能提高工作效率而且更有针对性。第三,把握信息传递的尺度和范围。发送者根据信息内容,确定尺度。对一些会造成恐慌及不利于职业卫生健康工作的信息,要控制信息的数量,避免产生不必要的社会影响。第四,合理利用沟通途径。对于一些对时效性和准确度要求极高的信息,一般采用上下级直接沟通,避免信息曲解带来决策和执行失误。对于一些有关职业健康安全方面工作意见的相关信息采集可以通过非正式渠道。非正式渠道采集的信息有时更能反映基层员工对本工作的意见和真实想法。

二、信息沟通要素

1. 组织保障

企业中的职业卫生管理工作一直是一项繁杂的事务,而其中的管理沟通工作更甚。在日常的运营中,这就要求HSE(健康-安全-环境)部门建立科学、有效的管理团队,增强责任意识,促进各部门之间的协作,为沟通策略的实施提供组织保障。

一项工作的落实,一定离不开组织内部的重视。HSE部门一定要从根本上对管理沟通工作重视起来,这将对沟通策略的实施起到至关重要的作用。HSE部门应注意对管理层和员工强调:沟通在企业职业卫生管理工作的重大意义,让管理层和员工充分意识到沟通的重要性。

另外,在沟通策略的实施进程中,HSE部门也要做好良性引导,使得其他部门也能对职业卫生方面的工作给予支持。

在具体沟通作业的实施进程中,还有一点是不容忽视的:在任何一项工作的进行过程中,都会出现各种各样不可预知的问题。这些问题往往直接影响着职业卫生工作的进度和效果。为了避免沟通过程中可能出现的各种问题,各职能部室和车间办公室可以充分发挥作用。将员工反映以及出现的问题及时做好整理，部室和车间能够自行处理解决的，及时处理；不能自行解决的，要及时上报 HSE 和人力资源部门进行处理。避免信息延误、职责不清的情况，否则会影响企业职业卫生相关工作的实施进程。

2. 制度保障

制度就是为约束大家行为而制定的规程或行为准则，它也是在一定历史条件之下所形成的法令及规范。其目的就是促使公司各项工作都能按计划完成并实现预期目标。建立管理企业职业卫生制度落实考核和奖惩机制。考核是检验职业健康安全相关制度执行的主要形式，要确保制度落实、实施。

企业可以在绩效考核体系中加入职业卫生管理上下级沟通的相关考核，形成考核奖惩机制，落实监督管理制度，对考核成绩优异的部门和员工进行物质或精神奖励，考核成绩差的也要有相关的现金处罚等。

3. 人力保障

随着新世纪进入第二个十年，社会的变化愈加迅速，从业者年龄代差所带来的心理差异愈发明显。市场经济体制下的中国化工企业也快速发展起来，职业卫生管理标准越来越严格，其管理要求也在不断增加，以往的职业卫生的管理模式和管理方法往往不能适应当前的用工环境和新一代的从业者。这就要求公司管理层思想和意识以及管理上作出一定的改变。那种"企业就是这种情况，大家克服一下""你们别发牢骚，不好好干可以走人""有你一个不多，没你一个不少"等管理思维和管理模式在当今化工生产下的专业化、规模化、现代化的时代已经没有了立足之地。现在化工企业职业卫生管理都逐渐开始以"以人为本"为要求。所以说，在职业卫生管理的工作中，要学会消除或避免因沟通障碍造成的冲突，HSE 部门还要创造条件组织有关职业健康安全方面的沟通。参与活动的人员不单单限定于公司管理层，普通员工也必须积极参与进来。通过各种活动，一方面能够使员工对职业卫生理论有更加清晰的理解和牢固的掌握，另一方面利用这样的机会大家可以交流工作中遇到的职业健康问题。文化水平较低的参与人员，通过类似讲座等活动可以理解到企业对职业卫生上的要求，就是企业对自己的关爱，便于在今后的工作中更好地做好本职工作。

> 企业应建立识别和获取职业健康安全管理相关法律、法规、标准、规范及其他管理要求的制度，确定获取渠道、方式和时间。企业应建立健全职业健康安全管理制度，采取有效的控制措施，保障从业人员职业健康安全。企业应对适用法规内容进行逐条识别，完成法规适用性评估，明确相关管理要求。企业应定期开展职业健康安全合规性评审，持续提高符合性绩效。

三、合规性管理现状

在现代企业管理模式下，合规管理与业务管理、财务管理并称企业管理的三大支柱。合规管理是从法律和商业道德的角度出发告诉企业"怎么做""如何前瞻"以及以"建立企业的长期目标"为基础，"如何保证企业的长期稳定运行"。所以，在中国，外资企业的合规管理是走在前列的，随着中国"绿水青山"的国策和"一带一路"建设的开展，合规管理的重要性越来越明显，也逐渐得到了越来越多中国企业的重视。

改革开放之初，我国社会的合规外部环境还有待完善。当时由于不合规的企业可以在灰色地带经营且不会受到制裁，这就在事实上造成了对合规企业的不公平，从而让企业开展合规管理变得尴尬。从合规管理外部环境的另一方面看，由于中国传统文化重视"人情来往"，很多不合规的行为在当时法律环境和社会道德环境下无法得到确认，也不能处理。甚至很多跨国公司都入乡随俗，在中国挑战合规的底线。这种对传统文化的错误理解和滥用也在很大程度上不利于企业开展合规管理。

合规管理的重点在于企业应如何开展经营活动，其首要内容包括公司治理、内部风险控制、内部道德规范和规章制度、行为守则的完善。通过完善的合规管理，有效地控制企业所面临的外部风险，如信息披露、公平竞争、不侵犯第三方权益等。在合规管理中，一个有效的合规管理体系，包括合规执行官、合规培训机制、合规监督机制、合规风险评估和防范机制等，其中合规风险评估和防范机制是整个合规管理的基础。

一些企业在建立合规管理体系的时候，尤其是在制定内部的行为守则时，往往直接"拿来"，或来自外部的法律顾问的标准模板，或拷贝自某个国际大公司的网站。这些"规范"可能由董事会或首席执行官在某些重大场合郑重发布，可能在企业内网上刊登，也可能在年报中大肆宣传。但是事实上，这样的行为守则不仅无助于企业的合规管理，而且由于与本企业的实际运营不相匹配而导致企业员工无所适从。

事实上，大部分的中国企业对于合规管理的认识仅仅停留在表面，具体到企业的合规管理体系上，往往仅仅是用一个"拿来"的行为守则涵盖了合规管理的全部内容。而一个完整的合规管理体系，应当有清晰的合规管理导向，有效的合规管理组织，有计划的合规管理建设方案，也应当有切实的合规监督机制。从这个层面说，国内企业的合规管理还有很长的路要走。

合规管理的形式化。很多中国企业在经营管理上或多或少有一些合规管理的内容，比如与行为守则相关的规章制度、内部的管理人员。但是，有了这些内容是一方面，是不是可以切实地发挥功效却是另一方面。很多时候，国内企业制定了合规管理制度，但在执行上仍然放任自由，尤其是在合规和经营利益需要取舍时，经营利益往往代替了合规价值的坚持。

有时某企业发生职业健康安全的事故前，其公司官方网页上就有完整的有关健康、安全和环境等方面的规章制度。但是，这些制度在企业管理上的所有作用却在一声爆炸中化为乌有。所以，企业在合规管理上面临的真正问题，不仅仅是制定出完整且高规格的规章制度，还有如何弥合企业现有规章制度与合规管理漏洞之间的巨大差距，应当采取哪些必要措施，才能将企业的运营提高到国际标准。

合规应该作为公司的基本价值理念。企业的最高管理层应该坚持并且让企业的员工相信这个价值理念。合规是一个企业长期稳定发展的基石。无论一个企业取得多大的进步，获得多高的利润，一旦企业出现了合规问题，企业不仅会遭受政府制裁、经济处罚，还会面临商业名誉的危机，甚至几十年的努力都会化为乌有。

企业的董事会应该将合规这个理念写入企业的章程，企业的最高管理层应该在各种场合向企业员工宣讲这个最基本的价值，并通过各种有效的合规培训，使员工认同这个价值理念，自觉地合规经营。

四、合规制度和合规职责

要制定符合公司运营实际和战略目标的合规制度。企业应该首先审视自身的战略目标，评估实现企业战略目标过程中可能面临的合规风险。在这个基础上，企业应在企业章程上规定或者另行制定《合规管理准则》，明确合规组织架构、职能、履职保障及检查监督。企业应根据不同的人员层面、不同的岗位职责制定不同的合规制度，明确合规职责，比如针对董事会层面的《合规政策》、针对高级管理层层面的《行为守则》以及针对员工的《岗位合规手册》。其中对董事会和高级管理层提出明确的合规管理责任；对于员工提出具体岗位责任和尽责义务。

要有完善的合规管理组织。一般而言，完善的合规管理组织体系，应该由董事会、独立合规部门、高级管理层三个层面组成。

其中，董事会应承担的合规管理职责是审批企业的合规政策并确保其制定适当，监督合规政策的实施，在全企业推行诚信与正直的价值观念等。

高级管理层应承担以下职责：

① 负责对有关合规方面的规章制度的制定提供可行意见。应督导本部门员工学习合规方面的规章制度，确保这些规章制度得以贯彻实施，并将有关实施情况向合规部门通报。

② 在确保合规方面的规章制度得以贯彻落实的同时，还有责任保证在发现违反相关规章制度的行为时，能够采取适当的补救措施。

③ 对合规方面的规章制度在本部门的实施情况进行评价，包括对有关规章制度的必要修改提出建议等，确保有关规章制度一直具有可行性。同时，对合规部门提出的本部门内的合规改善问题进行分析研究并落实改进措施。

④ 应当采取必要措施，为合规部门提供足够的资源，保证合规管理工作的高效进行；在发生任何重大违反法律、规则及标准的行为时，应及时向合规部门报告。

独立合规部门是合规管理的职能部门，也是整个合规管理体系的中心环节。

独立合规部门应该承担以下的职责：

① 持续关注法律、规则和准则的最新发展，正确理解法律、规则和准则的规定及其精神，准确把握法律、规则和准则对企业的影响，及时为高级管理层提供合规建议。

② 制定并执行风险预防为本的合规管理计划，包括特定政策和程序的实施与评价、合规风险评估、合规监管、合规培训与教育等。

③ 审核评价企业各项政策、程序和操作指南的合规性，组织、协调和督促各业务部门和其他内部控制部门对各项政策、程序和操作指南进行梳理和修订，确保各项政策、程序和操作指南符合法律、规则和准则的要求。

④ 对员工进行合规培训，包括新员工的合规培训，以及所有员工的定期合规培训，并成立员工咨询有关合规问题的内部联络部门。

⑤ 组织制定各种合规管理程序以及合规手册、员工行为准则等合规指南，并评估合规管理程序和合规指南的适当性，为员工恰当执行法律、规则和准则提供指导。

⑥ 积极主动地识别和评估与企业经营活动相关的合规风险。

⑦ 收集、筛选可能预示潜在合规问题的数据，确定合规风险的优先考虑序列。

⑧ 实施充分且有代表性的合规风险评估和监管，以确保各项政策和程序符合法律、规则和准则的要求。

一个完善高效的合规管理组织，应该是包括企业最高层的信念、高级管理层的参与支持、合规部门的独立运作，三驾"马车"缺一不可。

五、系统的合规监管体制

合规监管是合规管理的重要环节。合规监管固然包括一定的外部监督、外部审计，但最重要的是对企业内部的运营活动进行持续有效的监督，保证企业所有的运营行为的合规性。

合规监管同样应该包括高级管理层和合规部门两个层面的监管。

对于高级管理层，应该确保所审批或核准的本职能部门项目和（或）行为符合企业的合规政策；同时，高级管理层应该随时监督下属的行为符合企业的合规政策；并在发现本职能部门的项目和行为以及下属的行为违反合规政策或可能违反合规政策时，及时向董事会和合规部门报告，以及时制定措施避免合规风险。

对于合规部门，应按照法律、法规和企业合规政策的要求对企业的各项制度进行合规性审查；同时，合规部门应按照法律、法规和企业合规政策的要求对企业的各项活动进行合规性审查。一般来说，理想的合规监管应该做到，企业所有的活动必须事先获得合规部门的审核批准。

对于合规部门，还需要承担另外一项重要的合规监管，就是对获得审批的企业活动进行事中、事后的合规监察，以确保这些企业活动的开展与合规审批的内容是一致的。这样可以有效防止某些员工开展业务活动与提交合规审批不一致的情况出现。

六、建设企业合规文化

合规文化的培养是合规管理能够切实发挥功效的基础。毫无疑问，企业合规文化的建设是一个长期的过程。企业合规文化的建设首先要从高级管理层做起，高级管理层应该切实承担起在整个企业推行诚信与正直的价值观念的责任，为员工做好表率和榜样。其次，需要向所有的员工传达这样的信息，合规不仅仅是合规部门的工作，合规是和每一个员工的日常工作息息相关的。最后，需要持续和有效的合规培训，强化员工的合规意识。

在评判合规管理的价值时，要从长期的发展来看，合规管理并不有利于快车道超车的企业，如果一个企业有着长远的目标，持续的发展战略，那么合规管理将给企业带来稳定、持续、安全、有效发展的保障。

七、巴斯夫集团合规计划简介

巴斯夫集团明确承诺坚持负责的行为和诚信原则，并将这一承诺纳入公司"价值观和原则"中。

这一承诺意味着，作为一家跨国公司其尊重所在国的法律和文化。因此，希望员工能够遵循所有相关国家的法律，并依照与之相应的公认商业惯例行事。特别是管理人员，应当以身作则，显示出高度的社会和道德责任感。在对员工行为进行严格要求的同时，公司有责任为所有员工提供所需的信息和支持。

不同的地区和国家标准对员工有不同的行为要求，巴斯夫股份有限公司和巴斯夫集团公司的行为准则是巴斯夫于2000年发起的合规计划的一部分。集团中其他地区和国家的公司也可能制定了对其员工有约束力的行为准则。这些准则均以巴斯夫集团的"价值观和原则"为基础，并充分考虑当地的地方性法规和习俗的要求。在集团内某一公司的员工在境外从事交易或者从事的交易对外国产生影响时，也应当遵守当地的法律法规。

巴斯夫集团以举例的形式，描述了在对公司非常重要的诸多领域中，所有员工需要遵守的法律要求。但在特定领域中，还有可能有适用的其他法律和法规。而对于行为准则，还需要定期进行重新审核。

员工的违法行为，即便看似微不足道，也有可能严重损害公司声誉，并招致巨大损害（包括经济损失）。任何此类违法行为的发生都是不被容忍的，对于责任人因此遭受到的相关政府的惩罚，也不会进行补偿。对于员工而言，违反法律及其他法规的行为都可能在雇佣和刑法意义上对其产生深远影响。

许多情况下，及时的建议可以避免违法行为的发生。当员工对其自身行为的法律后果发生质疑，或者在工作环境中发现有涉嫌违法的行为迹象时，公司期待他/她向其上级主管或向人力资源部或者法律部寻求建议和帮助。此外该公司还提供一条外部热线供员工获取信息、提出建议或者沟通意见。

为使这一渠道在巴斯夫大中华区畅通，巴斯夫公司在 2005 年 8 月 1 日宣布，合规热线正式开通，以受理这些问题和意见，这也包括那些对公司财务报告及所披露的财务信息的保密或匿名的投诉。

该热线面向所有巴斯夫大中华区的全资子公司及部分合资公司和在香港的巴斯夫东亚地区总部有限公司的员工。

接听热线的是受过相关专业训练的、Schulz Noack Baerwinkel 律师事务所上海办公室的律师。这些律师将就所描述的情况制作电话记录报告并呈交相关的巴斯夫合规委员会。其后合规委员会将对所述情况予以调查。针对财务报告的投诉，合规委员会将按照巴斯夫股份有限公司制定的适用全球集团公司的"对财务会计报告投诉的接受及处理程序规则"处理。律师事务所不进行法律咨询业务。

公司保证，员工不会因使用该热线而遭到任何报复或者受到任何歧视。

出于法律和道德的考虑，遵守所有法律规定以保护人类和环境是公司的基本义务之一。该信条体现在我们的产品和工艺之上。

每位员工在其工作范围内都应承担起保护人类和环境的责任。员工应当完全遵守环境保护或工厂和行业安全方面的法律法规，以及公司自身的相关指南和规定。每位上级主管人员都负有责任指导、监督和支持员工履行这一职责。在没有相关安全、健康和环境规范或公司指南和标准的领域，员工应主动作出决定，并在必要时征求上级主管人员意见。

总的来说，空气、水和土地只有经事先批准并在批准范围内方可用于工业目的。对于建设、运营、整修和扩大生产工厂而言，这一规定同样适用。同时，必须防止任何未经授权的物质排放。

应当根据法律的要求进行废物处理。为处理废物而使用第三方服务时，还应确保第三方亦遵守环保规定和公司标准。

但是，事故和故障在所难免，公司的目标是尽可能快速和准确地作出应急反应并采取措施控制损失。因此，一旦发生事故，必须快速而全面地通知公司内所有相关部门，同时这些部门必须及时依法将信息详尽地告知相关主管机关。除另有法规规定或与主管机关另有协议规定，负责环保的部门还必须履行其警告及通告公众的责任。

报告与环保、健康和安全相关的任何问题是每个员工的责任，同时也符合公司的利益。

员工无需担心因此类报告而对自己造成不利。对于删略、延迟或者不完整的报告，公司将不予理会。

通过查阅此事故案例相关的材料，请分析总结引发该起安全事故的几条主要原因，并提出同类企业应如何做好化学品储存安全管理工作？

第三节　承包商与供应商管理

企业应建立承包商管理制度，对承包商的资质进行审查，包括人员、设备、资质、技术等，优先选择具有环境、职业健康、安全体系认证的单位。定期对承包商进行评价，建立合格承包商清单。企业应与承包商签订职业健康安全协议，明确双方职业健康安全职责。承包商应提交作业计划书等资料，对作业风险进行识别，制定并落实管控措施，经企业审核确认后方可开始作业。作业过程中，企业应监督监护承包商的作业，并做好完工验收确认。企业应要求承包商建立健康管理制度，定期体检、确认是否有职业禁忌证；企业应根据接触危害的种类、强度，提供或者要求承包商选择防护功能和效果适用且符合国家标准或行业标准的劳动防护用具，并监督其正确佩戴、使用。企业应对承包商开展职业健康安全培训并考核，告知可能存在的风险、采取的安全控制防护措施以及应急措施等。

一、对承包商的管理与培训

石油化工企业承包商是指承担石化工程项目建设任务的单位，包括工程总承包单位、施工总承包单位、分包单位，以及设计、物资供应服务商、监理公司等，他们服务于石化企业的项目设计、物资采购、制造、施工、生产（开采）等各个环节，是石化企业生存、发展不可或缺的合作伙伴。某石化企业近五年来的事故统计数据显示，承包商安全生产事故占到该企业事故总数的一半以上。因此实施责任关怀实施准则，对承包商职业健康安全管理已成为石油化工企业职业健康安全工作的重点。

（1）企业应将承包商纳入企业自己的职业健康安全管理体系，统一标准和要求　按照"谁主管、谁负责""谁发包、谁负责"原则，明确企业相关管理部门、基层单位以及承包商的职责，统一标准，统一要求，统一管理。

（2）建立完善的承包商准入机制，严把准入关　细化完善承包商资质审查标准，将承包商是否具备与所承担工程项目相应的等级资质，是否具有满足施工要求的技术人员、施工设备设施，是否建立职业健康安全管理体系，是否具有 2 年以上良好的 HSE 业绩等作为承包商准入的基本条件。

（3）加强对承包商的教育和培训，提高安全意识

① 抓好入厂 HSE 教育，使进入企业的所有承包商员工了解企业安全生产基本特点、施工作业常见危害因素、施工作业应遵守的 HSE 规定，掌握个体防护用品使用要求，学会应急处置、现场急救与互救技能，提高自我防护意识和能力。同时，把好承包商入厂 HSE 教育关，淘汰不符合要求的承包商员工。

② 抓好再教育、再培训，对 HSE 绩效考评排名靠后以及发生严重违章行为的承包商的业务负责人和现场负责人进行专题 HSE 培训，促使承包商负责人提高安全意识，加强自主管理。

（4）加强现场管理，控制作业风险

① 加强作业前的预防。促使承包商员工了解作业内容、作业环境、作业风险、作业规定，佩戴好防护用品，落实好安全措施，确认自身具备相应技能的情况下实施作业。

② 加强作业过程的监管。采用表单式检查标准，细化直接作业环节各项施工作业及施工机具的检查标准和检查内容，定期对承包商施工现场安全措施落实情况、施工机具完好状况进行监督检查。

③ 加强高危作业的监管。针对承包商事故多发的作业环节，重点加强高处作业、施工用火、受限空间、临时用电、危化品装卸等高危作业管理，升级管理程序，提高标准要求，为现场作业提供可靠的安全保障。

④ 落实特殊作业和特殊时间两种情况的现场带班。即对重大活动期间、节假日等特殊时段必须进行的非常规作业，重大吊装作业，涉及易燃易爆、高温高压或有毒有害介质所必须进行的特殊作业等，由企业负责人、基层单位负责人、承包商负责人进行现场带班，确保施工安全。

结合以上内容确定承包商职业病危害因素及接害因素识别，因承包商及其工作内容处于动态变化，且职业卫生人员管理水平和认知也存在动态变化和进步，因此此工作是一个动态变化且需要持续改进的工作。此外还需注意的是化工厂的职业卫生制度从法律的角度来讲，对公司承包商并无约束力，承包商职业卫生管理责任，需要在合同约定中体现。

二、对承包商的考核与评价

严格考核评价，促进承包商自主管理。

① 定期召开承包商职业健康安全会议，通报承包商职业健康安全管理体系运行以及现场作业管理情况，督促承包商加强自主管理。

② 完善承包商职业健康安全信用考评体系和奖惩制度，从队伍资质、职业健康安全业绩、人员素质、现场管理等方面对承包商进行全面评价。

③ 开展承包商职业健康安全业绩评估，实行优胜劣汰。将有严重违章行为的承包商员工列入"黑名单"，对职业健康安全业绩差的承包商实施末位淘汰，促使承包商完善自身HSE管理体系，提高自主管理能力和水平。

根据长期的承包商管理实践，按照职业卫生管理要素区分了企业与承包商的各自责任范畴。企业的责任分为主体责任、监管责任和鼓励引导，分别对应承包商的主体责任、遵从执行和积极参与。在分析和调研基础上，依据要素对导致事故的影响程度，分配了相应权重，权重越大说明影响程度越大，更应引起重视。同一要素，因企业和承包商所承担的角色不一样，责任主体或实施方式会存在一定差异，各自关注的焦点也有所不同。这实际上很好地回答了为什么一旦承包商出现安全事故责任难以界定清楚的原因，换而言之，如若不愿意发生事故，无论企业还是承包商，都要主动而为，且要把每项事项（要素）做好。

三、供应商的选择与考核

企业应建立供应商管理制度，对供应商的资质进行审查，包括生产能力、交期达成度、服务业绩等，定期识别相关风险，优先选择具有环境、职业健康、安全体系认证的单位。定期对供应商进行评价，建立合格供应商清单。企业应与供应商签订职业健康安全协议，明确双方职业健康安全职责。表2-1为承包商安全管理责任分配与绩效权重一览表。

表 2-1 承包商安全管理责任分配与绩效权重一览表

HSE 管理体系要素		发包方（企业）			安全绩效权重	承包商			安全绩效权重
		主体责任	监管责任	鼓励引导		主体责任	遵从执行	积极参与	
领导作用和承诺				☆	6			☆	8
健康、安全与环境方针		☆			1		☆		2
策划	危害因素识别、风险评价和控制措施的确定	☆			10	☆	☆		3
	法律、法规和其他要求	☆			2	☆	☆		1
	目标和指标	☆			1		☆		1
	方案	☆	☆		5		☆		2
组织结构、职责、资源和文件	组织结构和职责	☆	☆		2	☆	☆		2
	资源	☆			2	☆	☆		5
	能力、培训和意识	☆	☆		8	☆	☆		8
	沟通、参与和协商			☆	5			☆	6
	文件/文件化信息	☆					☆		
	文件控制				2				1
实施和运行	设施完整性	☆	☆		8	☆			8
	承包方和（或）供应方	☆	☆		3	☆			2
	顾客与产品	☆	☆		1	☆			1
	社区和公共关系	☆	☆		2	☆		☆	3
	作业许可	☆	☆		10	☆			8
	职业健康	☆	☆		2	☆	☆		2
	环境管理	☆	☆		2	☆			1
	清洁生产	☆	☆		1	☆			1
	能源管理	☆	☆				☆	☆	1
	运行控制	☆	☆	☆	2	☆	☆	☆	8
	变更管理	☆	☆		2	☆			2
	应急准备与响应	☆	☆		5	☆			6
检查与纠正措施	绩效测量和监视	☆			6	☆		☆	5
	合规性评价	☆			2	☆			
	不符合和纠正措施	☆	☆		6	☆			8
	事故、事件管理	☆	☆		2	☆			3
	记录控制	☆			1	☆			2
	内部审核	☆			1		☆		
	管理评审	☆					☆		

对供应商的选择在我国主要体现为两种方式：跨国公司对我国供应商实施的"验厂"、第三方认证。其中跨国公司"验厂"是最主要的选择评价方式。欧美大型化工企业会对其全球供应商实施责任关怀评估和审核，参照审核结果，只与通过审核与评估的企业建立合作伙伴关系。

为了加强企业供应链管理，选择合适的合作伙伴很重要。如果选择了不合适的供应商，企业的利润会受到直接影响，而且会减少合作的机会，相当于降低了企业的核心竞争力。供应商评估涉及因素众多，评价指标多种多样，既有定性的，又有定量的，而且指标权重各不相同。目前国内化工企业选择及评价供应商，主要从产品质量、服务能力、供货水平、生产能力、科研能力、财务水平等方面来考虑，较少涉及企业社会责任方面的指标。而企业的社会责任主要是从企业对政府的责任、对社区的责任、对投资者的责任、对员工的责任、对消费者的责任、对供应商的责任以及对资源环境的责任几方面来考察的。责任关怀管理理念中既需要考察供应商关注员工保护方面的责任，又要考察供应商在环境保护方面的相应责任。

主要从以下几个方面对供应商进行考察。

1. 产品方面

供应商提供的产品是否合格、是否符合企业的要求，这在供应商的选择及评价中是非常重要的。在这一模块中，主要从质量体系认证、生产流程中的质量保证、产品质量和产品的节能环保性几方面进行衡量。

质量体系认证主要是指供应商是否达到某种质量认证标准、获得某项认证（例如：国际标准、ISO 9000 质量管理体系认证、行业认证等），以及供应商全面质量管理（TQM）的推广情况如何。生产流程中的质量保证主要是指供应商在原材料采购、产品生产、产品包装以及出厂等整个生产流程中是否有质量监控，以及质量监控的执行情况如何。产品质量主要是指根据供应商提供产品的质量合格率，衡量产品的基本质量水平。产品的节能环保性主要是指供应商所提供的产品是否节能，是否具有环保性能及其效果如何。

2. 服务能力

服务能力主要涉及服务态度、服务响应时间、订单变化配合度和售后服务等几个方面。

服务态度主要是考察供应商在接收订单、提供产品以及验收和售后服务过程中，相关人员在工作配合时的工作态度。服务响应时间主要是指供应商提供服务的及时性，以及对客户订单的响应能力。订单变化配合度主要是指因客户或其他紧急状况导致的订单变化，如订单量、交货时间等的改变，供应商能否作出积极配合。售后服务主要是指供应商是否有完善的售后服务体系，其执行情况如何。

3. 员工保护

员工保护主要选取了五个考核指标，即薪酬与福利、工作时间与环境、员工教育培训、晋升空间与透明度以及职业健康与安全卫生保障。

薪酬与福利主要是指供应商员工的待遇水平，即薪酬与福利水平情况。

工作时间与环境主要是指供应商员工的工作时间是否适当、员工加班是否有相应的加班工资、供应商是否为员工提供舒适的工作环境等。

员工教育培训主要是指供应商是否为员工提供相应的教育及培训内容，以提高员工的理论知识和专业技能。

晋升空间与透明度主要是考察员工的晋升情况，公司是否为员工设置了相应的晋升阶梯、是否透明化等。

职业健康与安全卫生保障主要是指供应商是否通过职业安全健康管理体系，采取责任关怀要求的措施保障员工的健康与安全卫生。

4. 资源环境

伴随着自然灾害、环境污染与生态退化的频发，近年来，人们越来越关注企业在资源环境保护方面的责任。资源环境主要考察五个指标，包括环境认证、环境资源保护系统、合理利用资源、新能源的开发利用以及废弃物的处理。

环境认证主要是指供应商是否通过国际环境质量体系认证。

环境资源保护系统主要是指供应商是否有关于资源环境保护的规划及细则，以及其实施情况如何。

合理利用资源主要是指供应商对资源能源的利用率，包括生产设备利用率、原材料利用率、能源利用率等。

新能源的开发利用主要考察供应商是否积极致力于新能源的开发利用。

废弃物的处理主要指供应商废弃物的排放是否达标，是否能够实现废弃物的循环利用。

5. 公益责任

公益责任主要涉及福利就业、慈善捐助、社区服务的参与程度和社区环境治理几个方面。福利就业主要是指供应商为社会提供的就业机会。慈善捐助主要是指供应商对希望工程、灾难救助和弱势群体的公益捐赠情况。社区服务的参与程度主要是指供应商参与社区活动的情况。社区环境治理主要考察供应商是否投入资金治理社区环境，为社区环境作出贡献的程度。

四、案例分析

γ探伤放射源丢失致人员受照事故

1. 事故经过

2014年5月，天津某探伤公司在江苏省南京市作业期间，违法雇佣无资质人员进行γ射线移动探伤作业，使用的放射源出厂活度为 $3.77\times10^{12}Bq$，现存活度为 $9.6\times10^{11}Bq$（约26Ci），属于Ⅱ类放射源。

2014年5月7日凌晨3点，该公司2名工作人员完成在南京中国石油化工集团第五建设公司（简称中石化五公司）管道车间内的γ射线探伤作业，回收放射源时违反操作规程，两名工作人员同时操作，一人摇动放射源驱动装置，另一人负责拆卸导管。在源辫子回到贮存位前，工作人员手动解除探伤机的安全闭锁，卸下导源管，导致源辫子与驱动钢丝绳脱钩。其后，负责拆卸导管的工作人员发现驱动导管无法从探伤机上拆卸下来，怀疑源辫子未回收到位，便使用辐射监测仪对探伤机表面进行测量，以便核实放射源是否已回收到探伤机内。当操作人员发现辐射监测仪读数升高时，便认为放射源已被回收到位。实际上放射源处于脱落状态，监测仪的读数升高是由于探伤机贫化铀屏蔽体和放射源裸露在外共同导致。为了进一步检查放射源是否脱落，一名操作员手持导源管中部，将导源管拖到车间门口处，抖动导源管，结果未发现源辫子，其实，脱落的源辫子在其拖动导源管的途中可能已从导源管中滑落。经过上述监测和检查后，2名操作人员没有再做进一步检查确认，经向现场探伤负责人（在宿舍休息，未在现场）报告后，直接将探伤机（连同未拆卸下来的驱动导管一起）装车，回到距该车间约1km的宿舍休息。5月7日晚上，2名工作人员再次来到该车间探伤。8日早上，工作人员发现探伤胶片未曝光，以为设备故障，便联系设备厂家前来维修。8日傍晚，设备厂家维修人员确认放射源已丢失。探伤公司工作人员在探伤作业区寻找，未发现放射源，于是向该公司领导报告。该公司又派人寻找，结果也未找到。5月9日凌晨，该公司才开始向当地公安部门及南京市环保局报告。

5月9日上午，公安人员通过监控录像，将进入厂区的所有人员集中询问。经调查，5月7日7：00左右，中石化五公司工人上班，有20人在探伤作业区周围工作，其中有一人发现源辫子，捡起看了看，便将其丢弃。8：00左右，该公司工人王某路过源辫子丢弃处，发现并捡起源辫子，装入工作服的右侧口袋，回休息室及附近休息。9：00王某带着源辫子在厂区仓库门口搬工件，一直工作到11：30，随后带着源辫子骑车回家，并将源辫子从口袋中取出，放在自家后院杂物堆的一个编织袋中。

5月9日11：00左右，王某担心公安人员会到自己家中搜查，打电话让其妻子将装有源辫子的编织袋转移到距王某家200m的父母家中。王某了解到他所捡到的金属物是有害的，不敢再留在家中。5月10日凌晨6：00，他从其父家中取出源辫子，装在蓝色小塑料袋中，将源辫子丢弃在距其父母房子后面100m的路边草丛中。9：00左右，环保部门搜寻人员通过巡测发现放射源的位置，并由公安部门对该区域进行控制，防止人员接近放射源，至此，失控放射源得到控制，等待下一步的安全回收。

2. 事故处理

江苏省环保部门接到事故报告后，立即启动辐射事故应急预案，应急人员赶赴现场进行事故调查处理，并开展放射源搜寻等工作。环境保护部也按照事故等级启动了其应急预案，李干杰副部长亲自在北京事故应急指挥大厅指挥应急工作，并派出技术专家赶赴南京参与事故应急及处理工作。5月10日上午，通过巡测发现并锁定放射源的位置后，应急指挥部组织研究在杂草丛生、地形复杂的区域内如何及时、准确定位放射源，如何将放射源装入铅罐等问题。在综合考虑时间、天气和人员受照剂量等多种因素后，现场指挥部决定采取辐射探测结合金属探测方法，对放射源进行定位，通过时间防护、距离防护和屏蔽防护措施，严格控制回收放射源人员的受照剂量在1mSv以内。经过多名回收人员多轮接力进行定位探测和回收作业，5月10日下午18：00，现场应急人员成功将放射源安全收贮到专用屏蔽容器内，并送到江苏省放射性废物库贮存。

2014年6月，天津市环境保护局根据《放射性同位素与射线装置安全和防护条例》（国务院第449号令）第六十一条规定，向该公司下达了行政处罚决定书，对该公司处人民币20万元罚款，并吊销辐射安全许可证。

3. 事故后果

经过走访调查，在放射源失控期间，其周边附近有80多人活动，共有100余人接受了医学检查。其中，受照剂量最大者为捡拾源辫子的王某，以局部照射为主，右侧大腿局部受照剂量较大，物理估算右大腿的受照剂量约100Gy，右侧大腿皮肤放射性烧伤明显，局部溃烂，生物剂量测量结果显示，王某全身有效剂量约为1.3Gy。其全身生物剂量约1.3Gy。其次为王某的妻子，受照主要发生在转移放射源过程中，以及放射源在其家中存放，长时间接近放射源所致，估算的受照剂量约为270mGy，没有明显的临床症状。其余受照人员的剂量均小于40mGy，未造成临床上的放射性损伤。

4. 事故原因分析

本次南京重大辐射事故是一起典型的由于公司违法雇佣无资质人员导致违规操作，管理层安全意识淡薄导致处置不当的责任事故。

事故的直接原因为：

① 操作人员多次违反操作规程，两名工作人员同时进行放射源回收，在源辫子回到贮存位前即手动解除安全闭锁，卸下前导管，导致源辫子与钢丝绳脱钩。

② 操作人员未使用辐射剂量监测仪对探伤机表面剂量进行正确监测和判断，导致放射源遗留在作业现场。

③ 该公司管理人员接到报告后，没有按照运营规程要求将探伤机返回贮存库，而是要求将其带出作业区维修，错失再次确认放射源是否安全返回贮存位和及时找回脱落源的最佳时机，最终导致重大事故发生。

5. 事故的根本原因

本次事故的根本原因为：

① 该公司违法雇佣无资质人员从事探伤作业，作业人员不具备专业技能，又缺乏安全防护知识，违规操作，导致事故发生。

② 该公司管理人员安全意识和责任意识淡漠，探伤作业期间现场负责人员擅离职守，脱离工作岗位，在接到现场作业人员的报告后，又违反运营规程，要求将探伤设备带回宿舍维修，致使放射源失控，导致人员受照。

③ 该公司辐射安全管理规章制度不健全，操作规程不符合法规标准要求，安全文化缺失，管理松懈，未按法规要求对从业人员进行必要的辐射安全与防护培训，未对探伤设备进行定期的维修维护，未落实现场探伤作业的安全管理要求。

6. 经验教训

对本次辐射事故的经验教训总结如下：

① γ射线移动探伤是辐射事故多发的行业之一，从事γ射线移动探伤的企业要严格遵守《关于γ射线探伤装置的辐射安全要求》（环发〔2007〕8号）的要求，明确并牢记辐射安全主体责任，完善辐射安全管理规章制度和操作规程，及时履行环保手续，加强企业自身的辐射安全管理，强化辐射工作人员的法律法规学习，培植单位的核安全文化，防止事故发生。

② γ射线移动探伤装置使用单位应加强从业人员管理，严格按照法规要求做好人员培训工作，严禁无证人员操作探伤装置。

③ γ射线移动探伤作业时应在作业现场边界外公众可达地点放置安全信息公示牌，配备现场安全员，做好作业场所区域的划分与控制、场所限制区域的人员管理、场所辐射剂量水平监测等安全相关工作，并落实探伤装置的领取、归还以及确认探伤源是否返回装置等工作。

④ 从事γ射线移动探伤的企业应定期对探伤机进行检修与维护，禁止探伤设备带病使用。

⑤ 各γ射线移动探伤装置生产单位应对探伤装置的设计进行持续改进，提升装置的固有安全性，避免人为违规操作导致安全事故发生。

⑥ 监管部门应强化对γ射线移动探伤装置生产、销售、使用单位的监督管理，加大监督检查力度，及时处理公众举报，对违规操作零容忍，对弄虚作假零容忍，对违法行为从严

查处；应强化对γ射线移动探伤异地使用备案的管理，在γ射线移动探伤异地首次作业时，作业现场所在地承担监管职责的环保部门应进行现场检查，核实相关信息，督促企业做好辐射安全工作，消除安全隐患；各省级环保部门间应加强联动，相互支持，共同做好移动探伤跨省（区、市）作业的监管工作。

第四节 职业卫生事故调查

> 企业应建立职业健康安全事故事件管理制度，对事故进行分类分级管理，从事故中汲取经验教训并采取纠正措施，防止和减少事故事件发生。企业宜制定事故事件上报的奖惩制度，鼓励从业人员主动上报职业健康安全事件、事故，禁止任何瞒报、谎报、迟报的行为。企业应组织职业健康安全事故事件管理制度的培训，使从业人员明确事故事件上报及调查的相关要求，当发生职业健康安全事故或事件后及时报告。根据职业健康安全事故事件调查结果，从设计、技术、设备设施、管理制度、操作规程、应急预案、人员培训等方面分析确定直接原因和根本原因，提出事故事件整改措施并落实。企业应及时将调查结果及整改措施与从业人员分享和学习，以避免类似事故事件再次发生。企业应收集行业内发生的相关安全事故，并与从业人员学习和分享，以防止类似事故发生。

生产过程、劳动过程和生产环境中存在的各种职业性有害因素，在一定条件下，可对作业者的身体健康产生不良影响。职业卫生调查是识别和评价职业性有害因素及实施职业卫生服务和管理的重要手段。

对职业性有害因素的识别和评价，首先需通过对生产工艺过程、劳动过程和作业环境进行调查，以确切了解有害因素的性质、品种、来源及职业人群的接触情况。但是，职业有害因素是否对接触者的健康造成损害以及损害的程度，则取决于作用条件，包括接触机会、接触方式、接触时间和接触强度等。

对职业有害因素的强度及其可能对健康造成损害的危险程度，还必须通过生产环境监测、生物监测和健康监护等进行综合分析评价和估测。这可为及时采取相应的防治措施、制订和修订卫生标准以及指导今后的预防工作提供可靠依据。

一、职业卫生调查形式

职业卫生调查可分为三大类：职业卫生基本情况调查、专题调查、事故调查。

1. 职业卫生基本情况调查

（1）调查目的　职业卫生基本情况调查的目的是掌握所管辖地区或系统内各企业，尤其是工矿企业的职业卫生状况和需求，建立所管辖单位的职业卫生档案。

（2）调查对象及要求　对所管辖的二级企业（车间），必须按单位逐一进行调查，认真填写统一表格并复核后，按计算机编码要求，进行系统列编。调查资料逐级汇总上报，每3年复核1次。在日常职业卫生工作中，需随时将生产环境监测和健康检查的结果、职业病发病情况，以及生产和装置变迁情况录入职业卫生档案，以备查阅、分析。

（3）调查内容　职业卫生基本情况调查内容包括：被调查单位（车间）基本情况、机构设置、男女职工人数、产品种类、有害职业的分布、接触有害因素的人数等。对于主要产品和工艺流程，记录使用的原料名称、中间产品、产品及年产量、生产设备机械化或自动化程度，并核实工艺流程图。对于主要工作场所的劳动条件，主要车间、工段和工种是否按照卫生要求进行合理布局，采光照明、车间微小气候状况是否符合卫生要求，相邻车间有无相互影响，等。对于劳动组织及班次，记录劳动者与用人单位的关系，每周几个工作日、每日的工作时间、加班加点情况及在外有无兼职等。对于职业性有害因素及其接触人数，记录作业环境及接触者健康状况，职业性有害因素对健康影响的早期表现，职业病、工作有关疾病和工伤的发生频率和分布情况及以往生产环境监测和健康监护资料等。对于防护设备及其使用、维修等情况，记录针对职业性有害因素所采用的建筑设计和职业卫生防护设施，如通风、除尘排毒系统、噪声及其他物理因素的防护、高温作业防护等及个人防护用品的品种和数量，使用、维修等情况。对于生产辅助用室情况，调查生活卫生设施中有无浴室、更衣室、休息室、女工卫生室、厕所、医疗室等。对于劳动者的反应，听取劳动者对职业性有害因素危害身体健康的反应，特别是对具有刺激性或易于引起急性反应的毒物，劳动者可提供许多有价值的情况和线索。

职业卫生基本情况的调查常通过"听、看、问、测、查、算"的方法进行。听：听取近期情况介绍；看：现场观察和查看有关的资料；问：口头询问；测：生产环境监测和生物监测；查：职业健康检查；算：资料分析。最后，对调查取得的资料进行综合评价，提出改进建议，并建立健全职业卫生档案。

2. 职业卫生专题调查

（1）调查目的　专题调查是对某一有害因素的职业卫生基本情况的调查。目的在于探究职业性有害因素对职工健康的影响，或就其他具体问题（如病因探讨、患病率分析、早期监测指标筛选、预防措施效果评价和卫生标准研制或验证等）进行专项调查研究。

企业内存在有下列情况之一者，应考虑进行专题调查：①某一有害因素的危害性较突出，接触人数较多；②采用新技术、新工艺，而出现新的有害因素者；③已有的有害因素出现新的职业性病损者。

（2）调查项目　专题调查的项目可视实际需要加以选择。有害因素与健康关系的调查，揭示接触水平与反应的关系；工作有关疾病调查，探讨某些职业性有害因素与导致非特异性疾患高发或加剧的因果关系；生产环境监测方法研究，确定测定方法的灵敏度、特异度及质量控制要求；生物监测研究，阐明指标的敏感性、特异性、预示值、符合率，以及在早期检测职业性病损中的意义；预防措施效果的卫生学评价，对采取预防措施前后的作业环境、职工健康状况进行分析比较，分析投入效益等。

3. 职业卫生事故调查

职业卫生事故调查一般属于计划外应急性调查。发生急性事故性损害（如职业病危害事故、安全事故）时，职业卫生医师应会同临床医师参加抢救；医疗卫生机构（包括厂矿医院或诊所）应按《企业职工伤亡事故报告和处理规定》和《放射性同位素与装置放射防护条例》等制定《职业病危害事故调查处理办法》及《职业病报告办法》，立即向所在地人民政府卫生行政部门和法律、法规规定的其他部门报告；医疗卫生机构应会同有关部门深入现场进行调查，查明事故发生原因，提出抢救和预防的对策，防止类似事故再次发生。

在现场，必须详尽了解事故发生的全过程和有关的规章制度，包括事故发生时的气象条件、设备运转情况、作业状态、操作规程及防护措施等；通过中毒病人或班组人员，了解事故发生过程及其前后细节，以及同类生产的其他作业场所是否发生过类似事故。当现场未经清理时，应迅速检测生产环境中各种可疑有害因素的浓度或强度；如现场已遭破坏，必要时采用模拟现场试验估测接触浓度或强度。经皮肤吸收的毒物，应尽可能进行皮肤污染的测定；如有可检测的生物监测指标，应及时采样测定。

最后，根据调查资料，作出综合判断，提出处理意见及防止事故再度发生的对策和措施，用书面形式上报上级机关并分发有关单位，以吸取教训。

二、案例分析

某化工企业一起职业性急性 1,2-二氯乙烷中毒事故调查分析。

1. 基本情况

（1）企业概况　该企业主要从事化学原料和化学制品制造，主要产品有乙烯利、三氯化磷、氧氯化磷等。本次中毒事件发生于该企业生产乙烯利装置的废水池，该装置已于 2015 年停产，废水池中的化学废液均为数年前乙烯利生产线遗留废水。

（2）乙烯利生产工艺　乙烯利生产分酯化、重排和酸解三个工序：①将定量三氯化磷投入酯化反应锅，再徐徐通入环氧乙烷进行酯化反应，制成亚磷酸三酯；②亚磷酸三酯经高温重排，生成磷酸二酯；③磷酸二酯经酸解后制成乙烯利原液，酸解过程中可产生副产物 1,2-二氯乙烷，加水配制成成品乙烯利水剂。

废水池中的废水来源于乙烯利装置工艺中的酸解过程，酸解后废水首先排入废水罐，然后按计划排入废水池。废水从罐体中排出之前不经任何处理。废水池中废水按需加入氢氧化钠调节酸碱度。

2. 事故调查

（1）事故经过　事发当日上午 9:00，装置长助理甲独自在乙烯利装置进行废水处理作业；9:02:25，约 1.7m 高处的输水管道局部发生泄漏，废水向四周喷溅。此时甲位于泄漏点水平距离约 0.5m，左侧身体正对泄漏点，废水溅至其颈部及躯干。发生泄漏后，甲立即转身跑向东侧约 30m 远的一处卫生间；9:02:40，甲在卫生间门口脱掉污染的外衣；9:03:55，其同事给他拿来一塑料脸盆，甲使用脸盆进行污染物清理；9:14:40，甲与 1 名同事走出卫生间，身着内裤，未穿着其他外衣，躯干、四肢裸露，慢慢走回办公室；回到办公楼后甲进入淋浴间清洗；10:06:08，身着干净工作服手端脸盆走出淋浴间；10:07:57，甲从二楼下至一楼拿起污染的衣服走出办公区；约 10:30，甲自感不适，恶心难受；10:45，由公司其他员工送至某医院就诊；11:35，经职业病科医生初步处理后留院观察，并采取促进毒物代谢、防治脑水肿及肺水肿、抗氧化、保肝护胃等治疗。14:15，甲突发意识不清，口吐白沫，呼吸减弱，触颈动脉搏动消失，心音消失，立即给予胸外心脏按压，气管插管，呼吸机辅助通气，给予血管活性药物（肾上腺素、多巴胺等）等抢救治疗；14:40，医院下病危通知书；16:55，家属赶到后宣告患者临床死亡。

（2）现场卫生学调查　废水池长 6.9m，宽 3.6m，深 2.6m，废水深约 2m。废水池呈露天状态且无遮挡，自然降水可直接降落其中。废水池须根据池中废水量及废水处理站的处理能力确定每次废水抽取量，一般每月不定期处理 1~2 次。在废水池的东北角设置有抽水泵，抽水管从池水中引出，悬挂在空中，抽水管水平位置距离地面高约 3m，管道破裂位置距离地面高约 1.7m。破裂管道已维修更换。现场可查见地面残留废水痕迹。废水池附近设有安全警示牌。事发时甲佩戴安全帽及防护眼镜，未佩戴防毒口罩，穿着普通工作服。现场未见应急喷淋装置。事发后现场未设置安全隔离带。企业方提供委托检测报告 1 份，报告日期为 2018 年 3 月 13 日，报告中未查见该工段相关的职业病危害因素检测信息。

（3）实验室检测结果　废水中 1,2-二氯乙烷检测结果（质量分数）为：上层 4.57%（采样深度距液面约 0.8m），下层 6.82%（采样深度距液面约 1.8m）。废水池表面空气中 1,2-二氯乙烷质量浓度（采样高度距液面 0.2~0.3m）为：东北角 54.5mg/m^3、东南角 67.8mg/m^3、西南角 35.2mg/m^3、西北角 44.6mg/m^3。依据《工作场所有害因素职业接触限值　第 1 部分：化学有害因素》（GBZ2.1—2019），1,2-二氯乙烷的短时间接触容许浓度（PC-STEL）为 15mg/m^3。

（4）临床资料　患者甲，男，55 岁。主诉：头晕、恶心、呕吐 1.5h，无明显咳嗽、咳痰、气喘。既往体健，无药物过敏史。体格检查：11:35，颈部及躯干皮肤表面未见异常，血压 155/110mmHg，神志清，咽部无明显充血，两肺无明显干湿啰音，心率 80 次/min，律齐，血氧饱和度（SPO$_2$）97%；13:40，出现情绪激动、躁动，伴言语混乱，查体欠合作，能对答，两肺未闻及干湿啰音；14:15，患者突发意识不清，口吐白沫。实验室检查：白细胞 14.8×10^{9}L^{-1}，乳酸脱氢酶 708U/L，血糖 7.1mmol/L。未做 CT 或 MRI 检查。入院诊断：急性 1,2-二氯乙烷中毒。

3. 诊断结果

结合患者职业接触史、现场职业卫生学调查、临床表现及实验室检测结果，依据《职业性急性 1,2-二氯乙烷中毒的诊断》（GBZ 39—2016），患者甲被诊断为职业性急性重度 1,2-二氯乙烷中毒。

4. 调查结论

1,2-二氯乙烷属高毒化学物，常用作化学合成原料、工业溶剂、脱脂剂、金属清洗剂和黏合剂等。职业接触主要是经呼吸道吸入或经皮肤黏膜吸收。短期接触较大量 1,2-二氯乙烷后出现头晕、头痛、乏力等中枢神经系统症状，可伴恶心、呕吐及上呼吸道刺激症状。职业性急性 1,2-二氯乙烷中毒引起严重的肝、肾损害十分少见，特别是肾损害。但口服或意外接触极高浓度 1,2-二氯乙烷中毒者，可出现肝、肾损害。死亡原因分析：①该化工企业乙烯利生产工艺经酸解工序后产生 1,2-二氯乙烷（副产品）和工业废水，作业人员身体瞬间大量暴露于含有高浓度 1,2-二氯乙烷的工业废水中；②作业人员被喷溅后至其脱掉外衣约 15s，但卫生间无淋浴，仅用脸盆接水冲洗时间约 12min，慢慢走回办公室进行淋浴清洗后休息，应急处置不当；③1,2-二氯乙烷在体内经 CYP2E1 代谢酶的作用下可生成毒性更强的 2-氯乙醛和氯乙醇，患者甲发生危害暴露后送医不及时，从其身体被废水污染至送达医院开始接受治疗约 2.75h，耽误了最佳治疗时间；④企业及作业人员对所暴露的职业病危害因素及其健康损害认识不足，危害作业时劳动者所穿的工作服未起到职业病危害防护作用；⑤该废水池设计呈露天状态，污水表面距离地表约 0.5m，应急监测污水表面 0.3m 的空气中 1,2-二氯乙烷浓度超标，不排除作业人员发生呼吸道暴露；⑥该作业人员手持被污染的工作服，双手未佩戴任何防护品,发生二次皮肤暴露。

根据此次事故的调查分析结果,建议如下:企业应加强作业人员安全教育和职业卫生防护知识培训;危害作业岗位人员应身着适当的个体防护设备;工作岗位应设置职业病危害告知和警示牌;制定检维修计划,及时更换老旧设备,规避跑、冒、滴、漏风险;被污染的工作服及其他用品应放置在专用的收纳箱内,集中处理;1,2-二氯乙烷暴露时,应迅速脱离现场至空气新鲜处,保持呼吸道通畅,皮肤暴露时应立即脱去污染的衣着,用肥皂水或清水彻底清洗,及时就医。

第五节 绩效评估与改进

> 企业应建立职业健康安全检查与绩效考评长效机制,对职业健康安全实施细则各要素的落实情况定期进行监督检查。企业应对检查过程中发现的问题及时进行跟踪和整改,对潜在风险进行原因分析,制定可行的整改措施,并对整改结果进行验证。企业应围绕职业健康安全管理实施细则要求,结合责任关怀其他实施要求或者其他管理体系,每年至少进行一次管理评审,实现持续改进。

一、戴明循环

戴明循环(PDCA 循环)是美国质量管理专家沃特·阿曼德·休哈特(Walter A. Shewhart)首先提出的,由戴明采纳、宣传,获得普及,所以又称戴明循环(图 2-3)。全面质量管理的思想基础和方法依据就是 PDCA 循环。PDCA 循环的含义是将质量管理分为四个阶段,即

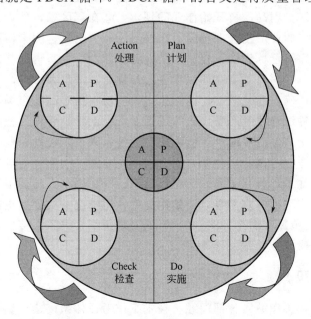

图 2-3 PDCA 循环模式图

Plan（计划）、Do（实施）、Check（检查）和 Action（处理）。在质量管理活动中，要求把各项工作按照作出计划、计划实施、检查实施效果，然后将成功的纳入标准，不成功的留待下一循环去解决。这一工作方法是质量管理的基本方法，也是企业管理各项工作的一般规律。

二、应用 PDCA 循环提升职业病防治水平

1. P（计划阶段）

通过现场职业卫生调查和检测，对该企业的基本情况、职业病危害因素暴露水平、职业病防护设施、个体防护用品、职业健康监护和职业卫生管理情况等进行分析，发现该企业职业病防治工作存在如下问题。

例如：①职业卫生管理制度和操作规程不健全，可操作性不强，外包作业岗位职业病防治监管职责不明确。②未设置职业卫生公告栏，作业场所职业病危害警示标识设置不规范，部分工人上岗前未签订职业病危害劳动合同告知书。③部分釜罐投料口未装设排风罩，部分机泵、法兰密封性不足，毒物挥发导致作业点乙酸丁酯、丙酮短时接触浓度（CSTEL）超标；动力车间冷冻机、空压机等设备产生的高噪声使巡检工人噪声暴露等效声级超标。④职业病防护设施未定期维护、检修。⑤工人职业病防护意识薄弱，不习惯穿戴个人防护用品；参加职业卫生培训不积极，培训内容和培训学时等不符合国家相关规定的要求。⑥质检岗位等未纳入职业健康监护范围。针对上述问题，从组织管理、作业环境改善、健康教育、个人防护入手制定整改计划和方案。

2. D（实施阶段）

例如采取如下整改措施：①企业成立职业病防治领导小组，明确各部门、人员管理职责，健全细化职业卫生管理制度和操作规程，将外包工纳入管理范围，各岗位操作规程补充应先开启防护设施和穿戴防护用品，再开始作业的规定。②在厂区入口处设立职业卫生宣传栏，公布职业病防治知识、职业卫生管理制度、作业场所职业病危害因素检测结果等；按规范要求完善车间职业病危害警示标识的设置，与工人签订职业病危害告知合同。③反应罐投料口增设伞形罩，通风排毒，每月 1 次对通风设备进行检查、清理和维护，每年 1 次检测局部通风设施的性能和效果，确保净化效率。冷冻机房、空压机房等高噪声场所进行隔声消声降噪改造。④对有毒液体输送管线及产噪设备等进行经常性的维护管理，杜绝跑、冒、滴、漏，减少设备因不正常运转产生的高噪声。⑤派出专业技术人员，协助企业开展职业健康培训。培训结束后组织工人进行考试，成绩不合格者，由企业实施调岗降薪等处罚。每周在员工微信群推送职业病防治知识，强化工人职业健康意识。⑥加强个人防护用品使用监督，工人互查、车间主任检查、安环部不定期督查防护用品的使用情况并实行递进式考核奖罚。⑦按照《职业健康监护技术规范》（GBZ 188—2014）的要求组织接害工人接受职业健康检查，一人一档建立个人职业健康监护档案。

3. C（检查阶段）

企业将职业病防治工作纳入各部门经济技术工作考评体系，建立奖惩制度，每季度对职业病防治工作开展 1 次督导检查，对管理措施、操作规程及整改方案执行不到位的部门、车

间和工人进行绩效处罚，限期整改。

4. A（处理阶段）

每季度检查结果在职业病防治领导小组会议上进行分析总结，做得好的继续保持，新发生的问题或是整改效果不明显的项目，查找原因，转入下一个 PDCA 循环，持续改进。

三、评价流程和指标

职业病防治绩效是权衡企业职业卫生管理程度的重要指标。评估指标的选取是绩效测量的关键，当前国内外对于各类职业卫生损失指标的研究较多，但这些结果性指标并不能有效地体现职业病防治绩效。由于过程性指标具有主动的过程导向性，结果性指标具有被动的后果导向性，因此将过程性指标和结果性指标结合起来考虑是职业病防治绩效评估的趋势。关键绩效指标（key performance indicator，KPI）是组织策略目标经过层层剖析后所产生的关键性指标，是对组织战略目标的进一步细化和发展，是促进组织策略目标达成的一项绩效管理工具。

根据企业职业病防治绩效 KPI 评估指标的流程进行考核评估（图 2-4、图 2-5），最终得到企业防治绩效改进前后的得分对比图（图 2-6）。

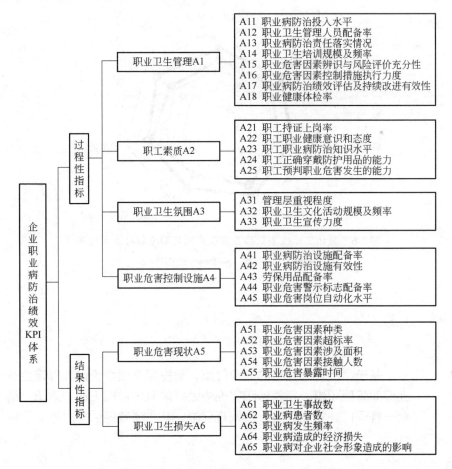

图 2-4 企业职业病防治绩效 KPI 评估指标

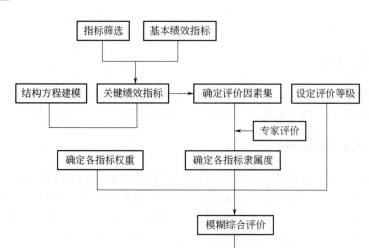

图 2-5 职业病绩效评估流程图

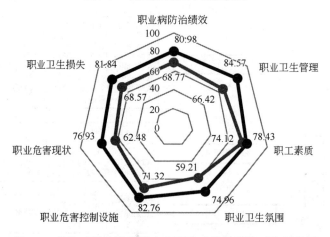

图 2-6 某化工厂改进前后企业职业病防治绩效对比雷达图

—●— 初次评估；—●— 改进后评估

本章小结

基于"责任关怀"的职业健康，首先要有领导承诺，确定企业中的职业健康管理职责。在管理和实施中做好沟通与合规工作。对承包商与供应商一视同仁。职业卫生事故调查到位，落实绩效评估与改进。

> 拓展阅读

保障人民健康安全，习近平总书记这样说

1. 以猛药去疴、刮骨疗毒的决心，完善我国疫苗管理体制

确保药品安全是各级党委和政府义不容辞之责，要始终把人民群众的身体健康放在首位，以猛药去疴、刮骨疗毒的决心，完善我国疫苗管理体制，坚决守住安全底线，全力保障群众切身利益和社会安全稳定大局。

——对吉林长春长生生物疫苗案件作出的重要指示（2018年7月23日）

2. 完善国民健康政策，为人民群众提供全方位全周期健康服务

人民健康是民族昌盛和国家富强的重要标志。要完善国民健康政策，为人民群众提供全方位全周期健康服务。深化医药卫生体制改革，全面建立中国特色基本医疗卫生制度、医疗保障制度和优质高效的医疗卫生服务体系，健全现代医院管理制度。加强基层医疗卫生服务体系和全科医生队伍建设。全面取消以药养医，健全药品供应保障制度。坚持预防为主，深入开展爱国卫生运动，倡导健康文明生活方式，预防控制重大疾病。实施食品安全战略，让人民吃得放心。

——在中国共产党第十九次全国代表大会上的报告（2017年10月18日）

3. 加强食品安全监管，要严字当头，严谨标准、严格监管、严厉处罚、严肃问责

加强食品安全监管，关系全国13亿多人"舌尖上的安全"，关系广大人民群众身体健康和生命安全。要严字当头，严谨标准、严格监管、严厉处罚、严肃问责，各级党委和政府要作为一项重大政治任务来抓。要坚持源头严防、过程严管、风险严控，完善食品药品安全监管体制，加强统一性、权威性。要从满足普遍需求出发，促进餐饮业提高安全质量。

——在中央财经领导小组第十四次会议上的讲话（2016年12月21日）

4. 没有全民健康，就没有全面小康

没有全民健康，就没有全面小康。要把人民健康放在优先发展的战略地位，以普及健康生活、优化健康服务、完善健康保障、建设健康环境、发展健康产业为重点，加快推进健康中国建设，努力全方位、全周期保障人民健康。

——在全国卫生与健康大会上的讲话（2016年8月19日至20日）

5. 树立大卫生、大健康的观念，把以治病为中心转变为以人民健康为中心

要重视少年儿童健康，全面加强幼儿园、中小学的卫生与健康工作，加强健康知识宣传力度，提高学生主动防病意识，有针对性地实施贫困地区学生营养餐或营养包行动，保障生长发育。要重视重点人群健康，保障妇幼健康，为老年人提供连续的健康管理服务和医疗服务，努力实现残疾人"人人享有康复服务"的目标，关注流动人口健康问题，深入实施健康扶贫工程。

——在全国卫生与健康大会上的讲话（2016年8月19日至20日）

6. 牢固树立安全发展理念，健全公共安全体系，努力减少公共安全事件对人民生命健康的威胁

要贯彻食品安全法，完善食品安全体系，加强食品安全监管，严把从农田到餐桌的每一道防线。要牢固树立安全发展理念，健全公共安全体系，努力减少公共安全事件对人民生命健康的威胁。

——在全国卫生与健康大会上的讲话（2016年8月19日至20日）

7. 推进健康中国建设，是我们党对人民的郑重承诺

推进健康中国建设，是我们党对人民的郑重承诺。各级党委和政府要把这项重大民心工程摆上重要日程，强化责任担当，狠抓推动落实。

——在全国卫生与健康大会上的讲话（2016年8月19日至20日）

8. 要下大气力抓好，生产廉价、高效、优质、群众需要的药品，杜绝假冒伪劣

医疗保健是全面建成小康社会的重要方面，要下大气力抓好，生产廉价、高效、优质、群众需要的药品，杜绝假冒伪劣，切实保障老百姓的生命健康权益。中医药是中华文明瑰宝，是5000多年文明的结晶，在全民健康中应该更好发挥作用。

——在江中药谷制造基地考察时强调（2016年2月3日）

9. 民生工作直接同老百姓见面、对账，来不得半点虚假

要着力保障民生建设资金投入，全力解决好人民群众关心的教育、就业、收入、社保、医疗卫生、食品安全等问题，保障民生链正常运转。民生工作直接同老百姓见面、对账，来不得半点虚假，既要积极而为，又要量力而行，承诺了的就要兑现。

——在部分省区党委主要负责同志座谈会上的讲话（2015年7月17日）

10. 用最严谨的标准、最严格的监管、最严厉的处罚、最严肃的问责，确保广大人民群众"舌尖上的安全"

食品安全源头在农产品，基础在农业，必须正本清源，首先把农产品质量抓好。要把农产品质量安全作为转变农业发展方式、加快现代农业建设的关键环节，用最严谨的标准、最严格的监管、最严厉的处罚、最严肃的问责，确保广大人民群众"舌尖上的安全"。

——在中央农村工作会议上的讲话（2013年12月23日至24日）

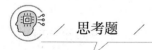

思考题

1. 如何做到企业职业健康安全全员责任制？
2. 如何提高沟通中信息传递的有效性？
3. 如何对承包商进行考核与评价？
4. 职业卫生调查可分为哪三大类，请简单描述。
5. 如何应用PDCA循环提升职业病防治水平？

第三章 职业安全管理

第一节 风险管理与隐患排查

企业应组织制定生产经营活动中的风险辨识与评价管理制度,落实相应的防范和管控措施。

企业应定期组织专业技术人员、管理人员、从业人员开展风险辨识、评价并制定风险控制措施。

应用安全检查表分析法(SCL)、工作危害分析法(JHA)、危险与可操作性分析法(HAZOP)等风险分析方法进行风险辨识,选择科学、有效、可行的风险评价方法,制订风险评价准则,评估可能导致的事故后果。

企业应根据风险评价结果及经营运行情况等,确定不可接受的风险,制定并落实控制措施,将风险控制在可接受的程度。企业在选择风险控制措施时,应考虑控制措施的可行性、安全性、可靠性。控制措施应包括:工程技术措施、管理措施、培训教育措施、个体防护措施、应急措施。

企业应根据风险评价结果实施分级管控。

企业应将风险评价的结果及所采取的防范控制措施对从业人员进行教育培训,使从业人员熟悉作业环境中存在的危险、有害因素及防范控制措施。

企业生产经营活动发生变更时应及时开展风险辨识与评价,并制定防范控制措施。

一、企业危险源识别方法

任何企业在生产系统中,都存在危险源,无一例外,充其量在数量、程度上存在少许的差异,例如,在普通化工厂中,高压电源、易燃易爆化学品等都存在较大的安全隐患,具有事故发生的可能性。因此,我们首先要进行危险源的辨识。

一般主要采用以下几种方法进行风险识别:

① 安全检查表。依托企业内现已投入使用的安全检查表,围绕企业内部展开全方面、无死角的检查,进而有效甄别出潜在危险因素。通过对企业初始危险源的甄别评价,以及围绕安全检查表的相互对比,确定第一部分的危险源。

② 头脑风暴法。可以是正式或非正式的组织形式，正式的头脑风暴法组织程度很高，参加人员需提前准备充分，并且会议目的和结构都很明确，有具体的方法来评价讨论思路。非正式的头脑风暴法组织化程度相对较低，经常更具有针对性。在小微企业，绝大多数部门通过采用非正式的头脑风暴法，进行风险源识别。

③ 事件树分析。自某一诱因事件开始，逐一对各个环节的发展情况予以分析，进而推断出可能出现的结果，同属于危险源甄别方法。依托该方法能够对系统各环节事件予以深层次剖析，进而找出其中存在的危险源。科学、正确运用事件树分析法，能够对事件发展的诱因、过程乃至结果予以全程分析，它是将"人、物、机、环境"视作对象，围绕事件展开相关分析并推敲，进而总结出可能会引发的结果。基于宏观系统汇总与梳理条件下将第三类风险源挖掘出来。

④ 故障树分析。结合事故的结果去深挖并探究引发事故的关键性因素、规律等。围绕企业、行业内之前发生过的类似事故展开系统的对比分析，挖掘诱发事故的规律，进而梳理总结出企业的第四类潜在风险源。结合危险源在事故出现及其发展期间的作用，通常情况下，安全科学理论强调危险源具有两大类别。

基于事故预防层面来看，深层次、全方位、无死角地开展事故隐患排查工作，并结合隐患实际采取应对可行策略，这是保障企业健康推进的一项重要内容，也是必备环节。倘若未存在或未发现凸显的人的不安全行为、管理中的不足等，那么在事故预防环节中存在管控疏忽的可能性，特别是隐患初期，往往具有凸显的隐蔽性特征，不易被人察觉。另一方面，隐患还具有凸显的时效性特征，即便隐患被排查并执行相应的整改操作，但只要危险源存在，那么危险便始终不会消失。鉴于此，出于有效预防隐患发生的考虑，理应强化与持续对重大隐患的监控与排查力度，从而将隐患扼杀在摇篮而规避事故的发生。依托海因里希法则，可用图3-1来描述危险源与事故隐患和事故间的关联。若想从根源上杜绝和预防隐患事故的出现，理应强化对重大危险源的重视与甄别，同时予以实时监控，从而有效规避事故隐患的发生。相关理论以及现实案例告诉我们，导致隐患发生的关键性因素包括三类，即人的不安全行为、物的不安全状态以及管理不足。

虽然说危险源与事故隐患存在凸显的差异，但在现实中普遍存在两者混用的现象，基于某种程度上说，能够对事故隐患的分析以及安全管理工作造成影响。

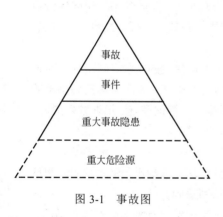

图3-1 事故图

二、职业危害因素识别

为消除、控制职业危害因素，首先必须识别和评价作业场所的职业病危害因素，识别是职业卫生工作的基础。这主要通过生产工艺和生产过程分析、作业场所监测、职工健康监护、职业流行病学调查、实验室研究等方法，分析职业病危害因素对健康的影响、剂量-效应关系、防护措施效果，估测其危险度大小，确定可接受的危险度。识别是一个动态的、不断完善的过程，贯穿职业卫生工作的始终。

针对石油化工行业职业危害因素的特点，识别的基本步骤如下：

① 调查、确认作业方式，生产工艺、设备及生产使用的原料、辅料、成品，生产过程

中产生的中间物质及其数量、理化性质等。
② 了解职业卫生防护措施和设施的效果及作业场所的气象条件等。
③ 了解劳动者工作组织、作业习惯、体姿和接触危害因素的状况。
④ 了解职业危害防护措施及其他职业卫生有关资料。
⑤ 初步确认作业场所可能存在的职业危害因素、作用途径、剂量、生物体反应特征等。
⑥ 制定职业危害因素监测方案并实施。
⑦ 制定职业健康监护方案并实施。
⑧ 综合分析⑥、⑦两过程中获得的数据，进一步确认职业病危害因素。
⑨ 评估作业场所职业危害的危险度。
⑩ 改进⑥、⑦制定的方案并实施。

三、企业安全管理风险应对

为降低风险，企业需要进行如下控制措施。
① 通过组织各部门进行职业健康安全管理体系的培训，教会相关人员关于风险源的识别，填写危险源辨识评价表，并逐一对各个风险源进行评价，确定风险级别并制定相应的控制措施表。依托下述公式获取风险值：

$$D=LEC$$

式中　L——发生事故的可能性，具体数值见表 3-1；
　　　E——暴露于危险环境的频繁程度，具体数值见表 3-1；
　　　C——发生事故造成的后果，具体数值见表 3-1；
　　　D——风险值，根据表 3-2 确定风险值。

表 3-1　风险评价值介绍

事故发生的可能性（L）		暴露于危险环境的频繁程度（E）		发生事故造成的后果（C）	
程度	分值	程度	分值	程度	分值
完全可以预料	10	连续暴露	10	大灾难，许多人死亡	100
相当可能	6	每天工作时间内暴露	6	灾难，熟人死亡	40
可能，但不经常	3	每周一次或偶尔暴露	3	非常严重，一人死亡	15
可能性小，完全意外	1	每月一次	2	严重，重伤	7
很不可能，可以设想	0.5	每年几次暴露	1	重大，残疾	3
极不可能	0.2	非常罕见地暴露	0.5	引人注目，不利于基本的安全要求	1
实际不可能	0.1	—	—	—	—

表 3-2　风险值

D 值	风险程度	危险等级
$D \geqslant 320$	极其危险	5
$160 \leqslant D < 320$	高度危险	4
$70 \leqslant D < 160$	显著危险	3
$20 \leqslant D < 70$	一般危险	2
$D < 20$	稍微危险	1

根据上述风险评价方法的计算，某企业事业三部对危险源辨识评价表如表 3-3 所示。

表 3-3 危险源辨识评价表

部分：事业三部

序号	工序/岗位/活动	危险源	危险源描述	可能导致的危害	时态	状态	风险评价 L	风险评价 E	风险评价 C	风险评价 D	风险级别	现行控制措施
1	涂敷工序	化学品	使用化学品时有害物质挥发	损伤呼吸系统	现在		6	6	1	36	2级	通风、个人防护
2	涂敷工序	易燃物品	高温引燃易燃物品	火灾	现在		1	6	3	18	1级	加强现场管理
3	涂防跳火工序	化学品	使用化学品时有害物质挥发	损伤呼吸系统	现在		3	6	2	36	2级	通风、个人防护
4	涂防跳火工序	显微镜	长时间使用显微镜影响视力	视力下降	现在		6	6	1	36	2级	定时休息
5	温冲工序	温冲箱	温冲箱的使用过程中意外造成人员烫伤、冻伤	烫伤、冻伤	现在		1	6	3	18	1级	加强管理
6	装板工序	夹具	使用夹具不慎掉落造成伤害	砸伤	现在		6	6	1	36	2级	个人防护
7	装板工序	电气	自动装板设备意外漏电	触电	现在		1	3	3	9	1级	定期检查
8	高温负荷筛选	烘箱	烘箱意外漏电	触电	现在		6	6	3	108	3级	定期检查、防护标识、个人防护
9	高温负荷筛选	烘箱	烘箱操作过程中意外烫伤	烫伤	现在		10	6	1	60	2级	防护标识、个人防护
10	高温负荷筛选	筛选物品及容器	上下机操作物品意外掉落	砸伤	现在		3	6	1	18	1级	规范操作
11	拆板	夹具	夹具使用过程中意外掉落	砸伤	现在		1	6	3	18	1级	规范操作
12	拆板	电动改锥	电动改锥意外漏电	触电	现在		3	6	1	18	1级	定期检查
13	打压	打压箱	打压箱意外漏电	触电	现在		1	6	3	18	1级	定期检查、个人防护
14	测量	仪器	仪器意外漏电	触电	现在		1	6	3	18	1级	定期检查、规范操作
15	外观	显微镜	长时间使用显微镜影响视力	视力下降	现在		3	6	1	18	1级	定时休息
16	外观	化学品	化学品使用过程中有害气体挥发	损害呼吸	现在		6	3	3	54	2级	通风、个人防护、规范管理
17	自动编带	设备	使用设备过程造成磕碰	磕伤	现在		1	6	3	18	1级	标识、个人防护
18	自动编带	设备	使用设备中刀片意外划伤	划伤	现在		1	6	3	18	1级	标识、个人防护
19	自动编带	设备	使用设备意外造成伤害	机械伤害	现在		1	6	3	18	1级	标识、规范操作
20	自动编带	设备	设备使用过程中噪声危害	听力下降	现在		6	6	1	36	2级	个人防护
21	编带	设备	编带机使用过程出现烫伤	烫伤	现在		6	6	1	36	2级	标识、个人防护

注：$D \geq 320$ 极其危险，危险等级为 5 级；$160 \leq D < 320$ 高度危险，危险等级为 4 级；$70 \leq D < 160$ 显著危险，危险等级为 3 级；$20 \leq D < 70$ 一般危险，危险等级为 2 级；$D < 20$ 稍有危险，危险等级为 1 级

编制：　　　　　　　　　审批：　　　　　　　　　日期：

从事业三部所作的危险源辨识评价表中可知，最大的风险源是高温负荷筛选箱表面触电，风险评价 D 值为 108，风险评价等级为 3 级，其应对措施为：定期检查、防护标识、个人防护。其他环节危险程度较小，均为 1 级或 2 级，且有相应的应对措施。表 3-4 为事业三部制定的控制措施表。

表 3-4 控制措施表

部门：事业三部

序号	活动/产品	环境因素	三种时态			三种状态			环境影响							综合打分						是否重要	控制措施
			过去	现在	将来	正常	异常	紧急	向大气的排放	向水体的排放	向土地的排放	原材料和自然资源的使用	能源使用	能量释放	废物	a	b	c	d	e	M		
1	涂敷工序	热能排放		✓		✓								✓		1	1	5	1	1	9	否	—
2	涂敷工序	火灾			✓			✓	✓		✓					1	2	1	3	5	12	否	加强检查
3	涂敷工序	一般固体废弃物		✓		✓									✓	1	1	2	1	1	6	否	收集处理
4	涂防跳火工序	乙酸丁酯空瓶等废弃物		✓		✓									✓	1	1	3	2	3	10	否	收集处理
5	拆盘工序	纸带等废弃物		✓		✓									✓	1	1	5	1	1	9	否	收集处理
6	装板工序	夹具废弃		✓		✓									✓	1	1	3	2	1	8	否	收集处理
7	装板工序	乙醇空瓶等废弃物		✓		✓									✓	1	1	3	1	1	7	否	收集处理
8	装板工序	电消耗		✓		✓							✓			1	1	5	1	1	9	否	—
9	巡检工序	压缩气泵的使用		✓		✓							✓			1	1	1	2	1	6	否	—
10	巡检工序	噪声排放		✓		✓								✓		1	1	5	1	1	9	否	—
11	巡检工序	电脑辐射		✓		✓								✓		1	1	5	1	1	9	否	—
12	巡检工序	电消耗		✓		✓							✓			1	1	5	1	1	9	否	—
13	高低温工序	噪声排放		✓		✓								✓		1	1	5	1	1	9	否	设备维护
14	高低温工序	冷热气排放		✓		✓								✓		1	1	5	1	1	9	否	—
15	高低温工序	电消耗		✓		✓							✓			1	1	5	1	1	9	否	—

续表

序号	活动/产品	环境因素	三种时态			三种状态			环境影响						综合打分						是否重要	控制措施
			过去	现在	将来	正常	异常	紧急	向大气的排放	向水体的排放	向土地的排放	原材料和自然资源的使用	能源使用	能量释放	废物	a	b	c	d	e	M		
16	高低温工序	冷凝水的排放		√		√				√						1	1	5	1	1	9	否	—
17	高温负荷工序	热能排放		√		√							√			1	2	5	3	3	14	否	—
18	高温负荷工序	噪声排放1		√		√							√			1	1	5	2	1	10	否	设备维护
19	高温负荷工序	电能消耗		√		√							√			1	1	5	2	1	10	否	—
20	高温负荷工序	氮气排放		√		√			√							1	2	3	2	3	11	否	—
21	高温负荷工序	纸张废弃		√		√									√	1	1	5	1	1	10	否	—
22	高温负荷工序	9V电池废弃		√		√									√	1	1	3	1	1	8	否	收集待处理
23	高温负荷工序	石棉手套废弃		√		√									√	1	5	3	2	2	13	否	收集处理
24	高温负荷工序	橡胶高压手套废弃		√		√									√	1	1	3	2	3	10	否	收集处理
25	高温负荷工序	噪声排放2		√		√								√		1	1	2	3	2	9	否	—
26	拆板工序	噪声排放		√		√										1	2	5	1	1	10	否	收集处理
27	拆板工序	纸条废弃		√		√									√	1	2	5	1	1	10	否	收集处理
28	拆板工序	塑料袋废弃		√		√									√	1	1	3	2	1	8	否	—
29	拆板工序	电能消耗		√		√								√		1	2	5	1	1	10	否	—

续表

序号	活动/产品	环境因素	三种时态			三种状态			环境影响						综合打分						是否重要	控制措施
			过去	现在	将来	正常	异常	紧急	向大气的排放	向水体的排放	向土地的排放	原材料和自然资源的使用	能源使用	能量释放	废物	a	b	c	d	e	M		
30	清洗工序	废乙醇排放		√		√									√	1	1	5	1	2	10	否	收集处理
31	测量工序	除湿机水消耗		√		√							√			1	1	3	2	2	9	否	—
32	测量工序	纸张消耗		√		√									√	1	1	5	2	1	10	否	节约用纸
33	测量工序	电能消耗		√		√							√			1	1	5	2	2	11	否	—
34	测量工序	去离子水的使用		√		√						√				1	3	3	2	3	9	否	—
35	测量工序	清洗剂的使用		√		√										1	1	3	1	1	13	否	收集处理
36	测量工序	塑料袋废弃		√		√									√	1	1	3	1	1	7	否	—
37	编带工序	电能消耗		√		√							√			1	1	5	1	1	9	否	收集处理
38	编带工序	纸带废弃		√		√									√	1	1	5	1	1	9	否	—
39	自动编带工序	噪声排放		√		√								√		1	3	5	1	3	13	否	收集处理
40	自动编带工序	纸带废弃		√		√									√	1	1	5	1	1	9	否	—
41	自动编带工序	除湿机水消耗		√		√							√			1	1	3	1	1	7	否	—
42	自动编带工序	电能消耗		√		√							√			1	1	5	1	1	9	否	—

注：a 为影响范围；b 为影响程度；c 为发生概率；d 为相关方关注度；e 为法规符合性；M 为 a、b、c、d、e 几项之和

填表人：　　　　　　　　　　　审核人：　　　　　　　　　　　日期：

② 企业要求各个办公室、操作间下班时，填写××环境安全检查表，确定危险源是否进行了相应的控制，如表3-5是办公区域环境安全检查表。

表3-5　办公区域环境安全检查表

部门：××部

日期	插座电源是否切断	插座电源是否异常			所有房间灯关闭	空调关闭	计算机关闭	房间门窗关好	检查人签字
		发黄	异响	异味					

注：检查无问题的情况下，在每项下划"√"，插座电源是否异常栏检查正常划"—"，发现问题立即上报

注意事项：如发现灯管、插座等出现异常，请立即上报，插头插入插座要插实

部门领导签字：

③ 企业从员工的身体健康出发，改善员工的操作环境，如安装排风口、部分员工配发口罩等，建立员工保护措施，为员工营造安全的工作环境。首先，制定科学的、与公司现状相契合的技术防护措施，将其视作安全防护的最后防线，规范员工佩戴劳保防护用品。并且定期对操作环境请专业机构进行测试，保证员工能够在健康的环境中工作。其次，制定科学的二级安全管理检查制度，要求化学用品必须单独存放，操作车间不能保留过多的化学用品，各部门安全员每日进行安全检查，并详细记录，定期进行汇报。公司领导每月带领相关人员开展定期检查工作，并开展不定期抽查。同时，要求重大节日放假前，由生产副总经理负责组织进行全面的安全大检查，确保所有危险源都在控制范围内。最后，安全专员要严格履行自身职责，对各部门危险源安全管理制度的践行情况予以综合监管，通过安全隐患的及时消除来确保公司安全生产工作的良性推进。

企业的安全管理体系若想良性运转，那么理应从员工入手，首先培养和提升他们的安全意识与能力，然后通过有效路径来强化他们的责任感，唯有如此，才能够增进他们的积极性，进而主动参与安全管理活动，长此以往，才能够保证安全管理体系的良性开展，进而规避流于形式局面的出现。当员工参与对工作场所造成影响的工作时，倘若未掌握标准、规范的工作技能，那么引发安全事故风险的概率将大大增加。出于人员招聘与安全培训方面的考虑，企业应每年动用安全专项资金来达成，举例来说，公司内部组织开展安全培训或聘请外界专家前来授课。完善各类安全生产制度。例如，安全管理责任人的一票否决制度，具体来说，

倘若在经济效益与安全存在冲突时，安全管理责任人有权责令生产负责人停工整顿，进而将安全隐患提前扼杀。再如，安全生产考核奖惩制度，将员工遵规守纪情况与奖惩考核相挂钩，若出现视安全法规而不顾的员工，必须予以严惩，同时，对于优秀员工予以嘉奖。完善安全培训制度，结合公司现状以及员工的实际需求，制定针对性的安全培训方案，进而增进员工的安全意识与相关能力。下面围绕安全培训的流程展开相关阐述：

（1）对员工进行安全培训需求的识别　第一，结合公司当前实际以及员工岗位、职责，来获取他们安全意识与技术能力的认知程度。第二，针对企业内每位员工，对他们的安全意识以及技术能力予以综合评价，依托对比来获取普遍不足之处，进而将培训框架及其内容设计出来。如依据法律法规以及公司安全管理制度的职业健康安全培训需求，对危险源识别、安全风险的判断和控制风险方法的安全培训需求等。

（2）制定培训计划　根据汇总的培训需求，企业从以下几个方面撰写培训计划：①对企业所有人员进行安全岗位职责培训，对每个人所具有的技术进行确认，并按照安全管理体系的步骤进行相关工作；②根据企业安全管理体系的计划和各自岗位的职责对他们进行培训，包括危险源的认识、了解，对安全风险作出判断的方法，控制风险的有效方法；③每年依据公司的发展计划，制定相应的培训计划，对各个环节制定相应的培训内容，做到理论与实际相结合，让培训真正发挥作用。

（3）安全培训效果评价　对培训效果进行评估的主要目的就是对安全培训的有效性进行评估，跟踪员工通过培训后是否达到了安全管理体系方面的相关要求。评估培训的员工是否学会了安全管理体系的知识，是否拥有了技术能力。对培训效果进行评价的方法有三个：①将每次培训与绩效考核挂钩，记录员工实际参加培训次数与安全管理体系培训次数并对比，对不达标员工进行相应的处罚；②定期对培训内容进行抽查，确定员工是否已经达到安全管理体系的要求；③加强新员工的岗前培训与考核，并落实新员工"传帮带"责任制，特别是加强危险源高的环节人员的培训力度及考核力度。

> 企业应制定隐患排查治理制度，实行隐患排查、记录、监控、治理、销账、报告闭环管理。企业应编制隐患排查表，开展隐患排查工作。排查的范围包括所有与生产经营相关的场所、环境、人员、设备设施和活动，包括承包商和供应商等服务活动。企业应定期开展隐患排查工作，对排查发现的隐患，分析产生问题的根源性原因，落实项目、资金、措施、时间、责任人后组织整改，建立隐患排查治理台账，统计分析隐患出现的时间（时期）、地点（装置和设施、部位和区域）、次数、类别、专业和负有管理职责的部门（单位）等信息，确定事故隐患易发的薄弱环节和重点装置设施、区域部位，找出事故隐患的产生规律。对于不能立即完成整改的隐患，应进行安全风险分析，并应从工程控制、管理措施、培训教育、个体防护、应急处置等方面采取有效的管控措施，防止安全事故的发生。企业宜利用信息化手段实现隐患排查治理全过程记录，形成闭环管理。

四、隐患排查的概念和流程

隐患是指生产经营单位违反安全生产法律、法规、规章、标准、规程和安全生产管理制度的规定，或者因其他因素在生产经营活动中存在可能导致事故发生的物的危险状态、人的不安全行为和管理上的缺陷。我国一直推行以安全生产责任制、隐患排查、监测监控和作业规程为核心内容的安全生产标准化管理体系，通过强制推行安全生产标准化工作，企业安全生产状况显著改善，生产事故明显下降。但是，重特大事故依旧时有发生，小事故难以有效避免，要完善隐患排查治理体系，以隐患排查和治理为手段，企业要根据行业隐患分级排查标准，制定符合本单位生产特点的生产安全事故隐患分级和排查治理标准，树立隐患就是事故的观念，建立健全隐患排查治理制度，认真排查风险管控过程中出现的缺失、漏洞和风险控制失效环节，并向相关监管部门汇报，实行自查自改自报闭环管理。按图 3-2 所示的风险预控与隐患排查治理流程明确企业员工在隐患排查工作中的职责，推动企业全员参与、自主排查隐患，落实企业在安全生产工作中的主体责任，坚决把隐患消灭在事故发生前。

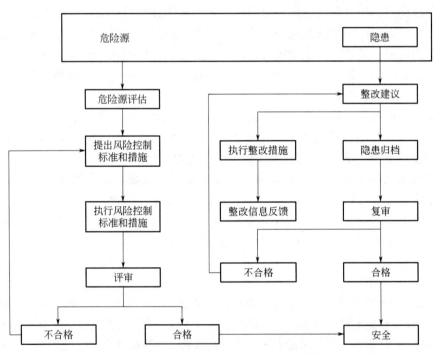

图 3-2　风险预控与隐患排查治理流程

但仅仅隐患排查，很多事故也是不能预防的。因此，必须在事实作业之前，引入"危险辨识和风险识别"理念和方法。通过全方位、全过程的危险和风险评价，预想出可能发生的不可接受风险，并根据风险等级不同，通过设计消除、方案替代、工程预防、警示标志、个体防护等消除或降低风险，以确保生产作业的安全。

设计和管理依然难以百分之百地消除风险。在持久作业过程当中，可能由于环境变化、未能预见到的意外的唯心因素或者相关管理设计缺陷、作业失误等等，仍然可能产生物的危险状态、人的不安全行为、管理上的缺陷，因此，在生产系统作业运行当中，必须采取危险源状态监控和隐患排查处理措施，以及时发现和消除可能发生的事故隐患，从而形成"风险预控"和"隐患排查"双控体系，实现"前馈控制"与"反馈控制"的有机结合。

五、注重未遂事故的调查管理

对已发生事故的调查，根据安全生产法，要求做到四不放过。这种调查模式的根本思想是以"隐患排查"为基础，通过此次发生的事故避免以后出现同样的事故，对未遂事故未给予足够的关注。而且，在生产实践中，基于传统文化"大事化小、小事化了"的习惯，未遂事故往往被忽略。根据海因里希法则，一起重大事故的背后，总是有大量的未遂事故为前提。从概率论与数理统计原理来看，小概率事件是可能发生的。只要足够多次地重复出现未遂事故，即使事故发生概率再小，总有一天也会发生的。因此，必须特别关注未遂事故的调查分析，通过对未遂事故的调查分析，能够及早地发现可能导致事故的意外情况，明确事故发生的过程、原因，找到预防措施，预先就做好防范控制，避免再次出现类似的危险情况，将这种风险预控式的未遂事故管理与传统的隐患排查式的事故调查相结合，更好地服务于安全管理。

六、提升员工安全隐患排查能力和水平

隐患险于明火，事故源于隐患。2021年9月1日开始实施的新《中华人民共和国安全生产法》第四十一条规定："生产经营单位应当建立健全并落实生产安全事故隐患排查治理制度，采取技术、管理措施，及时发现并消除事故隐患。事故隐患排查治理情况应当如实记录，并通过职工大会或者职工代表大会、信息公示栏等方式向从业人员通报。其中，重大事故隐患排查治理情况应当及时向负有安全生产监督管理职责的部门和职工大会或者职工代表大会报告。"《安全生产事故隐患排查治理暂行规定》（国家安全监管总局16号令）明确企业应当建立健全事故隐患排查治理制度，逐级建立并落实从主要负责人到每个从业人员的隐患排查治理和监控责任制。

事故隐患是指作业场所、设备及设施的不安全状态，人的不安全行为和管理上的缺陷，是引发安全事故的直接原因，隐患排查事关每名职工的安全健康，与每个人息息相关。隐患排查不仅指厂级的隐患排查，还包括分厂级（车间级）和班组级的隐患排查以及员工平时发现的隐患，各个层级隐患排查的范围、重点均不相同，相互之间不可替代。隐患如同躲在暗处的毒蛇，冷不丁会咬人一口，身处生产一线的班组员工，既是事故最直接的受害者，又最熟悉了解设备设施及作业场所状况，每天站在隐患排查的最前线，能够第一时间发现隐患、消除隐患，是最厉害的排雷手。员工发现和处置安全隐患的能力和水平，直接影响到班组安全管理的效果。根据近年企业的实际效果来看，班组层面隐患排查工作还比较薄弱，需要从三个方面提升员工安全隐患排查能力和水平。

（1）检查标准的制定　如果只是毫无目的地进行检查，就无法发现隐患，并且具体做法及检查结果的判断因人而异的话，也无法达到检查效果。检查应按照一定的标准进行，一份清晰的检查清单是保证检查质量的前提，如果没有检查清单的指导与约束，仅凭每个人的经验，往往会流于表面化、形式化和走过场。必须事先制定好检查清单，检查清单的内容应包括检查对象地点、检查内容、检查方法、检查频次以及对检查结果的判断标准。

检查清单通常由企业牵头，以国家相关安全健康法律法规标准以及原国家安全监管总局出台的《重大生产安全事故隐患判定标准》《工贸行业较大风险危险因素识别与防范指导手册》及行业安全检查表、安全生产标准化等作为依据，尤其是适用企业的各类安全规程及安全技术规范是重点，如果企业开展过风险评估，以企业危险源辨识评价清单为基础更为全面。班

组长应从拟订方案的阶段参与其班组所负责区域检查标准的制定工作,力争制定出最符合实际的清单。由于检查是在现场一边看实物一边进行的,因此检查清单要站在使用者的角度考虑,即不要让检查人员太费力气,并使检查能正确、持续地进行。检查清单制定应该遵循以下要求:

① 选择必要的项目,检查项目过多往往造成偷懒。
② 选择易于检查的内容,尽量以数值表示。
③ 确定正常范围和异常的判断标准。
④ 合理确定检查时间,检查的时间安排有日常、定期、不定期。

此外,虽然已确定了检查标准,但并不是任何时候都适用,要根据实际情况变化和检查结果而相应调整。比如设备出现比预期提前老化等异常的情况时,可以考虑缩短检查周期,反之则可以适当延长;在每次变更作业设备及作业方法需要调整,发生事故时也同样需要考虑修改。

(2)培训检查实施人员　检查实施人员最好充分了解要检查的机械设备,并抱着爱护之意,必须把握检查对象的正常状态,培养辨别异常的判断能力、直觉及技巧,并了解如果发生异常是什么现象,会产生什么样的影响等。特别是在作业前的检查中,由于每天重复同样的事情,自然就容易偷懒,班组长可以通过观察和抽查等方式督促员工一丝不苟地执行。检查中既有根据测量仪器等的数值来判断的,也有不少是在日常检查中用目视、听觉、触觉等感觉来判断的,这种感觉是通过不断积累经验掌握的,尤其像触诊、听诊那样凭人的五官感觉进行的项目,为了让员工体会到正常和异常时微妙的感觉要进行训练。

与普通作业相比,检查作业危险程度较高。首先几乎所有情形下都是一个人单独作业,并且要接近普通作业中不去接近的转动部位,以及爬上脚手架不完备的高处。还有,检查多由老资格的作业人员进行,但是由于太熟练反而产生不安全行为以及体力减退等,有时也会出现意想不到的危险情况。班组长指导作业人员穿戴安全带及防护用具是必然的,提醒其检查时需十分留意,周围的安全也很重要。

(3)检查结果的有效应用　检查人员早期觉察到异常,就会在发生大事故前进行处理,碰上这种情况,班组长不妨表扬"幸亏你发现了啊";这在鼓舞士气上至关重要。检查本身不是目的,对检查结果采取必要措施,排除隐患使其恢复到正常状态才是检查的真正目的,因此班长必须立即浏览检查报告,确认结果。如果有发现某些问题的报告时,到现场调查情况并采取适当的对策,同时仔细调查问题的原因,并就防止再度发生对相关人员进行说明。针对发现的隐患,整改一定要避免头痛医头、脚痛医脚,治标不治本,否则会如同打地鼠一样,同样的隐患接二连三重复出现,浪费时间精力,只有寻根究底地追问,找到隐患产生的根源,才能达到标本兼治、事半功倍的效果。

七、隐患排查案例

对某乙炔厂生产装置开展了职业安全卫生排查工作,该厂的经营范围为乙炔气的生产、充装、销售,本次排查工作仅涉及与乙炔气生产、充装、销售等相关的各个环节。

本次隐患排查对企业工艺设计、装置布局、建设施工、安全管理等开展全方位隐患排查治理,消除安全隐患,堵塞漏洞,提出整改建议。

1. 该乙炔厂的工艺

该公司乙炔气的生产、充装流程如下:将破碎好的粒度为85mm左右的电石分别装入小桶内，经运料小车运到发生器加料口内，并均匀地加入装有一定水的发生器内。水和电石充分反应，生产乙炔气和氢氧化钙及副产物。电石渣和水自流至渣池沉淀分离，上部清液进入清液池，沉淀后的电石渣运出作为建筑材料出售。产生的乙炔气经安全水封进入湿式乙炔气气柜，再经水环式压缩机加压进入低压干燥器，初步除去水后进入净化装置。乙炔气经净化塔和中和塔除去乙炔气中的硫化氢和磷化氢，再将半成品乙炔经气水分离器、低压干燥器干燥送至压缩工序。启动压缩机加压，再经高压油水分离器、高压干燥器干燥后送乙炔充灌排。将乙炔充装在装有丙酮的钢瓶内，经化验称重合格，待乙炔全部溶于丙酮且压力稳定后出厂。

2. 重大危险源分析

该乙炔生产厂列入重大危险源辨识标准的危险物质为乙炔、丙酮。该厂乙炔瓶库日常储存 1000 只，每只乙炔瓶含乙炔 7kg，总量即为 7t，大于临界量；每只乙炔瓶含丙酮 14kg，日常丙酮储量即达到 14t，小于临界量 500t。因此，该乙炔厂的乙炔量达到临界量。

3. 危险源分级

根据危险化学品重大危险源分级方法和该企业的实际情况计算属于三级重大危险源。主要问题汇总及整改建议见表 3-6。

表 3-6 隐患排查整改意见表

序号	检查项目	存在问题	依据标准	标准要求	整改建议
1	危险化学品安全生产相关法律法规和规章标准的落实情况	未见《化工（危险化学品）企业保障生产安全十条规定》（国家安全生产监督管理总局令第 3 号）的培训记录	《生产经营单位安全培训规定》（国家安全生产监督管理总局第 3 号令）第二十二条	生产经营单位应当建立健全从业人员安全生产教育和培训档案，由生产经营单位的安全生产管理机构以及安全生产管理人员详细、准确记录培训的时间、内容、参加人员以及考核结果等情况	完善培训记录，详细、准确记录培训的时间、内容、参加人员以及考核结果等情况
2	隐患排查治理工作情况	有隐患排查台账，但台账中个别整改项目的整改结果信息不齐全	《危险化学品企业事故隐患排查治理实施导则》第 5.2.6 条	事故隐患治理方案、整改完成情况、验收报告等应及时归入事故隐患档案。隐患档案应包括以下信息：隐患名称、隐患内容、隐患编号、隐患所在单位、专业分类、归属职能部门、评估等级、整改期限、治理方案、整改完成情况、验收报告等。事故隐患排查、治理过程中形成的传真、会议纪要、正式文件等，也应归入事故隐患档案	完善隐患整改档案
3	安全设施的完好与运行情况	完全设施台账不完善	《山西省危险化学品从业单位安全生产标准化评审工作规则》中"6.2 安全设施"部分	建立安全设施台账	健全安全设施台账
4	职业卫生危害告知情况	作业现场未设置粉尘、噪声职业危害告知牌	《工作场所职业卫生监督管理规定》（国家安全生产监督管理总局第 47 号令）第十五条	产生职业危害的用人单位，应当在醒目位置设置公告栏，公布有关职业病防治的规章制度、操作规程、职业病危害事故应急救援措施和工作场所职业病危害因素检测结果	在作业现场设置粉尘、噪声等职业危害告知牌，将接触限值及检测结果告知劳动者
5	职业卫生应急救援情况	配碱（氢氧化钠）岗位未设置冲洗水管、洗眼器	《工业企业设计卫生标准》（GBZ 1—2010）等	《工业企业设计卫生标准》（GBZ 1—2010）要求设置必要的洗眼器、淋洗器等安全卫生防护设施	在配碱（氢氧化钠）岗位设置冲洗水管或洗眼器

第二节 作业安全

企业应建立安全作业许可制度,按照 GB 30871—2022 的有关规定对动火作业、受限空间作业、动土作业、临时用电作业、高处作业、吊装作业、盲板抽堵作业、断路作业等危险性作业实施作业许可,严格履行审批手续。企业应组织作业单位辨识作业现场和作业过程中可能存在的危险有害因素,开展作业危害分析,制定相应的安全风险管控措施,并对参加作业的人员进行安全教育。特种作业和特种设备作业人员应取得相应资格证书,持证上岗。企业在检维修作业前应办理工艺、设备设施交付检维修手续,由专人确认,做到安全交出。同时对作业现场及作业过程中涉及的设备、设施、工器具等进行检查。作业过程中,同一作业涉及两种或两种以上特殊作业时,应同时执行相应的作业要求,并办理相应的作业审批手续,多工种、多层次交叉作业应统一协调。作业内容、范围、人员变化时应重新办理作业审批手续。当生产或作业现场出现异常,可能危及作业人员安全时,作业人员应立即停止作业,迅速撤离,并及时报告。

一、安全作业许可制度

企业应该采用安全作业许可制度来保护工作人员,使他们免于接触因工厂维修或不正常操作造成的任何危险情况。安全作业许可制度是为确保在常规和非常规作业中能够识别评价出所有潜在风险而制定的。作业过程无论风险"大""小"都要严格执行作业许可程序。作业许可制度本身不能避免事故,作业安全与否依赖于所执行的人(包括策划和实施)是否经过了良好训练并能胜任。对程序的执行需全程监控。作业许可程序应规定以下几项基本要求:必要准备工作的详细要求;责任界定;对员工适当的培训;提供适宜的安全设备;正式的作业许可证。

常见的有:机械作业、动火作业、进入受限空间作业、土石方作业、临时用电作业、高处作业、电器作业、吊装作业、盲板抽堵作业、断路作业等危险性作业实施作业许可。

化工管道焊接的施工现场作业是动火作业。必须持有动火许可证并与相关人员一道进入施工现场进行操作。作业许可证及其附件的信息必须具体、详细和准确。作业许可证必须指定日期和时间段,并规定许可证过期时的相关处理步骤。不允许做作业许可规定以外的活动。不允许在作业许可以外的其他地方进行作业。作业许可证必须由许可人签署。负责作业的人员应该接受作业许可证并签名,保证遵守所规定的安全预防措施。作业许可证涉及的其他人员也需要在相应位置签字。一份许可证副联交给具体负责实施工作的人,另一份副联由主管部门保留。作业许可证从签发日起至少应保存一年。

安全作业许可涉及两类人员,一是确认所有潜在的危害被识别出来,并已经采取必要预防措施的许可人员;二是理解并接受应遵守的作业要求和预防措施的执行人员。

（1）作业许可人员的主要职责
① 检查作业场所。
② 辨识和评价危害。
③ 制定安全预防措施。
④ 确保现场和设备安全。
⑤ 遵守安全操作规程。
⑥ 提出对作业执行人的要求。
⑦ 签发作业许可。
⑧ 安全技术交底。
（2）作业执行人员的主要职责
① 确保理解作业性质、操作规程和潜在风险，遵守安全预防措施和作业许可中所提出的要求。
② 确保设备处于可操作状态，进行安全技术交底。

对于许可证执行人员必须接受正规培训，培训方案应针对新员工或新的执业资格，验证培训效果以及个人是否能够胜任作业许可证规定的活动。取得上岗资格后，还需每年或每半年进行资格考试，以确保知识的更新并满足工作的要求。培训的层次和频率将取决于员工的资历、经验及其职责。对于许可批准者：授权批准作业许可证（表3-7）的员工必须是经验丰富并由管理人员任命有资格的高级雇员，须接受与作业许可活动相关的培训。

此外，必须保存培训记录，以证明实施作业的人员具有相应的资格。管理应明确作业许可过程是如何来实施的，相关的指示是否传达、知晓并实施等，相关的过程必须形成记录并予以保存。

二、辨识作业现场和作业过程

针对化工生产作业高风险的行业特点，通过开展"危害因素辨识"工作，建立风险管理，提高员工安全意识，按照"统一，规范，简明，可操作"原则，实行风险管理，采取一系列的有效控制措施，杜绝作业安全事故的发生。

1. 危险源辨识范围

危险源辨识范围如下：
① 生产区域存在的场所范围内的所有活动；
② 所有进入工作场所的人员（合同方人员和访问者）的活动；
③ 工作场所内的设施（建筑物、设备、物质等），无论是由本公司还是外界提供的。

2. 危险源辨识关注因素

危险源辨识应关注物的、人的行为的、环境的、管理的风险，并重点考虑以下几个方面的内容。
（1）物的因素　包括设备、设施、电气、装置、工具等物质本身造成危害的因素。
（2）环境因素　因人及人周边的环境造成危害的因素。

表 3-7 风险作业许可证范例

| 有无附加文件或记录表？ | □是 | □否 | 多少............... 附文件清单...................... |

1 工作活动

| 工厂/单元 | 工作描述 | 许可证有效期 | 时间/日期 | 到：.................时间/日期 |
| 是否考虑到所有相关部门/人员？ | | □是 | □不可用 | |

2 潜在风险的作业

• 承包商实施的作业	是	否	• 接触移动/旋转机械设备	是	否
• 缺氧或富氧	是	否	• 涉及交通设施（公路，铁路）	是	否
• 易燃/易爆气体	是	否	• 手工或机械挖掘	是	否
• 高温/高压作业	是	否	• 使用移动式起重机	是	否
• 接触危险化学品	是	否	• 临时或永久性改变、变更、调整的设备或工艺	是	否
（有毒，活性，酸性，腐蚀性）					
• 进入受限空间	是	否	• 使用适配器	是	否
• 绕开或移除/更改的安全设备设施	是	否	• 在固定、移动或手提式罐和容器进行产品转化	是	否
• 吊装作业	是	否	• 绝缘或催化处理	是	否
• 禁火区动火	是	否	• 在包含或可能包含风险材料或状况的装置区或设备或管线处进行保养或维修	是	否
• 许可(动火许可)	是	否			
• 带电检维修	是	否	• 其他情况		

3 安全预防措施

• 排水	是	否	• 除去风险材料	是□	否□	• 待命人员	是	否
• 降压	是	否	• 通入新鲜空气			• 高处坠落防护	是	否
• 物理隔离	是	否	• 空气检测			• 承包商培训	是	否
• 绝缘	是	否	• 氧气			• 消除点火源	是	否
• 安全标示和上锁	是	否	• 易燃气体			• 消防水带	是	否
• 用水/溶剂冲洗	是	否	• 有毒气体			• 防火屏障	是	否
• 吹扫	是	否	• 其他气体			• 潮湿环境	是	否
• 惰性气体/空气净化	是	否	• 警戒			• 听得见/可见的警告	是	否
• 常温	是	否	• 警示			• 清除周围的可燃物	是	否
• 灭火器	是	否						
			类型..........			其他情况......................		

4 个人防护

• 头部	是	否	• 眼睛	是	否	• 手	是	否
• 脸部	是	否	• 耳朵	是	否	• 脚	是	否
						• 身体	是	否
						• 呼吸	是	否
						• 其他		

特殊要求..............

5 工作授权

<u>签发者</u>：此证明我考虑了各相关部门/人员，讨论了工作范围，检查了准备工作和本次作业许可覆盖的范围。因此，我确认此项作业可以实施，详见第1款。 姓名： 签名：

<u>作业负责人</u>：讲解了连续的工作步骤，潜在的风险和安全防范措施，并能够理解 姓名/公司：

6 验收

作业负责人 工作已完成 是□ 否□

<u>签发人</u>：我承认，这项作业已经完成，作业许可中要求的各项相关工作已完成。

姓名： 签名： 时间： 日期：

7 其他有关评论

① 物理因素：包括设备、设施、电气、装置、工具、信号、标志等的缺陷。
② 化学因素：包括易燃、易爆、有毒、有害、腐蚀等起化学反应物质因素。
③ 生物因素：包括致病微生物，致害动、植物及传染病媒介物等因素。

④ 心理、生理因素：包括负荷超限、健康状况异常、从事禁忌作业、心理异常及辨识功能缺陷等因素。

⑤ 作业环境因素：包括作业区（地）域、道路交通、自然条件（地质、气候、采光）等因素。

（3）人的行为因素　包括指挥错误（失误、违章）、作业错误（误操作、违章作业）、监护事务及其他行为因素。

（4）管理因素　包括对物、人、作业程序、营销等管理缺陷及安全检查、监察和事故防范措施等方面因素。

3. 方法与步骤

危险源辨识主要采用的方法为：①询问和交谈；②现场观察；③查阅有关记录；④工作任务分析等。

危险源辨识按以下步骤进行：

① 组织进行危险源辨识前，组织相关人员进行有关危险源辨识与风险评价控制等知识的培训。

② 由各部门各单位指定人员对本部门经营活动、工作过程所使用的设备、工具等，在操作、运输过程中，可能产生对操作者或其他人的伤害，逐项检查，识别危险源。

③ 安全生产科与各部门相关人员共同对危险源进行确认。

④ 经确认的危险源，由安全生产科负责整理汇总，列出正式的危险源调查评价表（汇总），确定重大风险清单及控制措施。

三、检维修手续和审批手续

化工企业检维修包括：全厂停车大检修；某一套或几套生产储存装置停车大修；系统、车间或生产储存装置的检维修；化工装置的维护保养；生产储存装置及相关设备在不停产状况下的抢修。

1. 检维修作业流程

① 制定年度检维修计划，落实检维修方案、检维修人员、安全措施、检修质量、检修进度；

② 危险、有害因素识别；

③ 编制检维修方案；

④ 设备设施、工艺技术变更手续办理；

⑤ 办理交付检维修手续；

⑥ 对检维修人员进行安全培训；

⑦ 检维修前对安全控制措施进行确认，配备相应的劳动防护用品；

⑧ 办理相应的作业许可证；

⑨ 清理置换、盲板抽堵、动火等检维修作业实施；

⑩ 对检维修现场进行安全检查；

⑪ 检维修后组织验收；

⑫ 办理检维修交付生产手续；

⑬ 开车前吹扫、置换、单机试车、系统联动试车。

2. 涉及拆除和报废作业流程

（1）拆除前，相关单位共同到现场进行作业前交底；
（2）办理拆除和报废审批手续；
（3）对拆除作业进行风险分析并制定风险控制措施（风险分析记录）；
（4）制定拆除计划或方案；
（5）办理设施拆除交接手续；
（6）对需要拆除和报废的容器、设备和管道清洗干净，分析、验收合格后方可作业。

检维修作业时有毒介质由于处置不干净、挥发等因素，可能通过呼吸道、皮肤吸收侵入检维修作业人员体内，毒物在体内聚集过多，将造成作业人员身体不适。先期应急处置尤为重要，出现明显症状时，应及时停止作业，在采取相应安全防护措施的前提下迅速将中毒窒息人员救出现场，尽快将其移至空气新鲜的场所，保持呼吸道畅通，对中毒窒息人员实施必要的紧急救护，并迅速拨打急救电话，派人到指定地点接车；在施行口对口人工呼吸时，施救者应防止吸入患者的呼出气或衣服内逸出的有毒有害气体，以免发生二次中毒。经验做法是苯中毒时，可大量喝冰糖茶水，夏季多吃西瓜尿液排毒；丙烯腈中毒时，及时喝牛奶、炼乳解毒，饮大量温水，催吐污物，马上送医救治。

第三节　设备设施安全

一、安全联锁

随着石油化工生产装置规模的扩大，生产过程的经济性、安全性和可靠性日渐成为控制系统实现的关键目标。尤其在涉及硝化、氧化、磺化、氯化、氟化或重氮化等危险工艺的化工装置中，存在高温高压、易燃易爆、强腐蚀、高毒性等特点，局部的、瞬态的不正常生产状态往往会引起大范围的、严重的后果。同时，为取得高经济效益和低能耗，温度、压力、物料成分等工艺参数越来越接近临界状态，因此，工艺参数一旦越限，便极易导致事故的发生。因此，对装置及设备的安全提出了越来越高的要求。为确保生产过程的安全、稳定运行，最大限度地减少由于过程失控造成的设备损坏和人身伤害，减少重大恶性事故发生的概率，对开工、停工和生产过程中可能发生重大人身事故和设备事故的工艺装置和机组，应设置相应独立的安全联锁系统。

1. 定义

安全联锁系统（safety instrumented system，SIS），也称紧急停车系统（emergency shutdown device，ESD），是化工过程最高级的安全保护装置，是一种独立于生产过程控制的系统，是实现石化装置本质安全的重要手段，也是过程安全的最后一道屏障。一方面，在工艺装置出现异常情况时，要求控制系统能在许可的时间内将装置转入安全状态；另一方面，又要求保证控制系统本身在一个或多个关键环节出现问题时，避免生产装置的误停车，不影响生产的经济效益。

SIS大量处理的是逻辑信号，进行一系列的逻辑判断，在正常情况下，通过安全保护系统实时在线监测装置的安全，在工艺参数超越某一极限时，或生产过程处于某一危险状态时，该装置将执行相应的逻辑程序，迅速发出保护联锁信号对工艺流程实行联锁保护或紧急停车，自动将有关生产过程和设备置于安全的临时状态（必要时置于部分或全厂停产状态），以防酿成人员伤亡、设备损坏等重大事故。目前，SIS在国内石油化工生产装置中，尤其在高危工艺生产装置中已得到广泛应用。

SIS原则上应与过程控制系统（如集散控制系统DCS、工业计算机控制系统IPC等）分离而独立设置。特别是工艺过程复杂的装置和重要的机组，SIS应不依赖于DCS系统而独立完成紧急停车及安全联锁功能。简单的SIS可以包含在DCS系统中，DCS和SIS之间设置独立的分组硬手操和独立的I/O卡件。I/O卡件应带电磁隔离或光电隔离，每个通道应相互隔离，可带电插拔，和电气之间的信号（起停设备、设备的状态）以及到电磁阀的信号要用中间继电器隔离。大型联合装置的SIS宜分解成若干个子系统，为减少工程设计、施工、采购、安装调试和维护过程中各子系统之间的相互影响，各子系统应相对独立并分别设置硬手操。投入SIS的目的是保证生产装置人员的人身安全，设备的安全运行，生产的安全、平稳、长效，因此，对SIS自身的可靠性要求极其重要。只有取得安全证书的PLC才可以作为化工生产装置SIS的逻辑元件。同时现场仪表、连接电缆、接线箱及机柜附件等也必须选择高质量的产品。

2. 安全联锁装置日常管理的基本要求

由于安全联锁装置在涉及危险工艺生产装置中的重要作用，除按自控系统管理外，还要注意以下几方面的问题。

（1）安全联锁装置的投运率必须是100%　生产装置开车生产就必须投运安全联锁装置，即使装置未开车（如开车前的准备阶段或停车检修等），但装置储罐（包括原料、中间产品、成品等）有物料存放，且相关设备状态和物料参数是安全联锁装置联锁条件和联锁动作之一的，即储存物料有安全保护要求的，安全联锁装置也必须投运。在开车生产过程中，任何人不准切除安全联锁功能。若因安全联锁装置本身故障需修理，则要暂停相关生产过程并采取有效安全保护措施，待安全联锁装置恢复正常，才能继续生产。这些是安全联锁装置的投运原则，危险化学品的生产必须在安全联锁装置监护下进行。

（2）安全联锁装置的完好率必须是100%　投运的安全联锁装置任一组成部分都必须保持完好，必须确保安全联锁装置任一组成部件处于有效安全使用期限。安全联锁装置组成部件不能像普通自动控制系统中的仪表那样等到坏了再更换，因为任一组成部件一旦损坏，安全联锁装置就可能失去安全保护作用，这是十分危险的。按照著名的"浴盆曲线"理论，安全联锁装置应始终运行在"盆底"区域。

（3）安全联锁装置必须严格执行校验制度　安全联锁装置要校验合格后方可投运，开车生产后安全联锁装置要定期校验，可根据不同产品特点和设备检修需要确定校验期限，但每年至少校验一次。若因安全联锁装置本身故障需修理，修复后必须校验，合格后再投运。安全联锁装置检测和执行仪表由仪表专业人员按仪表校验规程实施校验，安全联锁装置在线联校应有生产工艺、设备、仪表、电气及安全等各相关专业人员参加，在线模拟联锁条件，共同确认联锁动作符合安全要求。每次校验合格投运前必须办理相关手续，各专业各负其责。

二、变更管理

设备设施进行任何影响安全功能的改动前,应实施变更管理。

在化学过程工业中唯一不变的就是变更。虽然变更的初衷是为了提高质量、产量,保证安全和降低成本,但变更发生时,随之而来的是健康、安全与环境(HSE)等方面的风险。为加强对变更的管理,早在20世纪60年代初核工业行业就第一次提出了变更管理(MOC)的概念。其后,一些有危险性操作的行业采用了MOC,这些行业包括太空业以及汽车行业等。近年来,在响应责任关怀管理理念下,国内相关行业的HSE管理体系都对MOC进行了明确要求。MOC的目的是在实际操作之前确保所有的变更都已被正确评估,变更引入的危险都被识别、分析,并得到控制,以便在变更的同时确保过程工业安全。

1. MOC简介

MOC的定义在不同的行业标准中略有不同。英国标准局对MOC的定义为:在系统生命周期中通过对系统组成部分的变更控制,来维持系统的完整性和满足系统的可跟踪性。中国石油化工集团公司HSE管理体系中对MOC的定义为:对人员、工作过程、工作程序、技术、设施等永久性或暂时性变化进行有计划的控制。

(1)变更种类　一般来说变更的种类有:工艺变更、设备变更、规程变更、基础设施变更、人员变更、组织变更、法律法规变更。

(2)变更管理具体实施　为实现对变更的有效管理,要组织由各个功能部门代表参与的MOC小组,并指派MOC小组经理或负责人。其下分设变更可行性研究小组、变更审批小组、变更实施小组等。可以把MOC过程分为以下7个阶段(见图3-3):

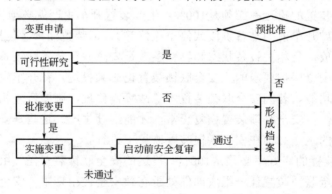

图3-3　变更流程图

① 变更申请。MOC小组中的任何成员都可以提交变更申请。变更申请应详细记载变更目的、技术基础、变更内容、操作步骤的改变、人员训练、变更期限等。变更申请完成后呈交变更经理。

② 预批准。变更经理对变更申请进行审核,决定是否需要进行充分的可行性研究以供变更审批小组对是否变更作出决定。

③ 变更可行性研究。由变更可行性研究小组对所有的变更可选项进行研究。变更可行性研究报告上报给变更经理,变更经理对变更文件进行整理并报给变更审批小组做最终审核。

④ 批准变更。变更审批小组根据变更经理提交的文件对变更申请进行正式审核。

⑤ 实施变更。对变更的全面实施，由变更实施小组完成。本阶段需要完成的有确定变更进度、实施变更、对实施变更的成功度进行审核和沟通、在变更日志中结束变更。

⑥ 启动前安全复审（PSSR）。现有的许多 MOC 流程不进行 PSSR，但在变更实施阶段可能会产生新的安全隐患，所以进行 PSSR 是必要的。如果 PSSR 没有通过，就说明在实施过程中引入了安全隐患，此时必须返回实施过程，消除安全隐患。

⑦ 形成档案。MOC 过程最后步骤是文档的完成和更新。它要求尽可能快地完成文档的更新，否则，下一个变更就可能由于利用已发生变更但尚未更新的文档而导致事故的发生。

2. 化工行业事故案例

在化工行业重大安全事故时有发生，不但危及生命财产安全，而且对环境造成了极大破坏。其中，大量的灾难性事故就是由于对变更的管理不当引起的。

2010 年 7 月 16 日，中国石油天然气公司在大连发生一起原油输油系统重大火灾爆炸事故，10 万 m^3 的 T103 储罐遭到严重损坏，油料在原油罐区（储槽总量大于 500 万 m^3）大量泄漏。

事故调查发现，输油轮完成卸载后，仍继续注入含 50%双氧水的化学缓蚀剂。双氧水分解产生的热量和氧气在管道内部积聚，造成输送管道 A 的内部发生火灾和爆炸。该案例中，缓蚀剂的注入操作已经违反了标准操作程序。管道 A 的火灾和爆炸造成电缆损毁，在没有电源供应的情况下，储罐 T103 无法实现隔离关闭。该事故案例中，在执行输油管道放空阀功能的变更、缓蚀剂的变更、操作规程的变更、供应商和操作人员变更等情况下，未能及时有效地进行变更管理、控制潜在风险，以致造成严重后果。

世界范围内已发生的部分与变更管理不善有关的重大灾难性事故如表 3-8 所示。

通过对这些事故案例的分析可以发现，如何有效实施变更管理是世界范围内石油化工行业的一个亟待解决的关键问题。为了解决这个问题，很多企业开发了 MOC 系统，传统的 MOC 系统就是将涉及变更的所有信息记录在纸上。随着计算机技术的发展，实现了这些信息的电子化，开发了计算机辅助 MOC 系统。

表 3-8 与变更管理不善有关的部分重大灾难性事故

事故时间	事故名称	事故损失	涉及变更
1974 年	英国 Flixborough 爆炸	28 人死	设备、规程变更
1976 年	意大利 Seveso 事故	600 人外迁，2000 人伤	规程变更
1984 年	印度 Bhopal 氰化物泄漏	2500 人死	设备、工艺变更
1984 年	墨西哥 Mexico City 爆炸	500 人死，5000 人伤	设备、工艺、规程变更
1988 年	美国 Occidental Petroleum 爆炸	165 人死	设备变更
1989 年	美国 Phillips Petroleum Company 爆炸	23 人死，230 人伤	规程变更
1995 年	美国 Napp Technologies 爆炸	5 人死	设备、规程变更
1998 年	美国 Equilon 炼油厂大火	6 人死	基础设施变更
1998 年	美国 Sierra Chemical Company 爆炸	4 人死，6 人伤	工艺、规程、基础设施变更
1999 年	美国 Tosco Avon Refinery 火灾	4 人死，1 人伤	设备变更
2001 年	美国 Bethlehem Steel Corporation 火灾	2 人死，4 人伤	设备变更

续表

事故时间	事故名称	事故损失	涉及变更
2003 年	重庆开县井喷	243 人死，2142 人中毒	设备变更
2004 年	重庆氯气泄漏爆炸事故	9 人死，15 万人疏散	设备变更
2006 年	浙江巨圣氟化学有限公司爆炸	5 人死，2 人伤	工艺变更
2006 年	安徽当涂化工厂爆炸	16 人死，24 人伤	设备、规程变更

3. 计算机辅助 MOC 系统

传统 MOC 系统的信息分散、互不关联。MOC 过程由人手动控制和更新，这就产生了如下不足：

① 不完整性。对于变更的管理只是针对单个变更源，缺乏系统的控制机制，很难定位变更可能影响到的系统其他部分或文档，人为差错和遗漏难以避免。

② 缺乏同步机制。大部分变更管理流程缺乏对不同的变更流程进行统一管理的同步控制机制，不能在进行自身变更的同时兼顾其他变更。

③ 缺乏知识管理。已经成功完成的变更案例是企业安全管理的宝贵知识财富。但是由于已经完成变更的相关信息是分散的资料，很难快速进行各种进一步的分析、归纳、总结和相关知识的提取。

因此传统 MOC 系统不仅效率低而且容易在 MOC 过程中产生差错，而弥补上述不足的一个有效途径就是利用计算机辅助来实现 MOC 系统。

经过多年发展，已有几种计算机辅助 MOC 系统用于对变更的管理，并取得很好的效果。在过程工业中已经有很多企业应用计算机辅助 MOC 系统来进行变更的管理，包括：Anadarko Petroleum、BP、CITGO、ExxonMobil、Murphy Oil、NOVA Chemicals 等公司。通过应用计算机辅助 MOC 系统，这些企业在提高变更安全的同时也提高了变更效率，节省了大量的人力物力。

第四节 安全标志

一、工作场所职业病危害警示标识

《职业病防治法》规定对产生严重职业病危害的作业岗位，应当在其醒目位置，设置警示标识和中文警示说明。警示说明应当载明产生职业病危害的种类、后果、预防以及应急救援措施等内容。

警示标识的分类如下。

(1) 图形标识　图形标识分为禁止标识、警告标识、指令标识和提示标识。

禁止标识——禁止不安全行为的图形（图3-4），如"禁止入内"标识。

图 3-4 禁止标识牌

指令标识——强制作出某种动作或采用防范措施的图形(图 3-5),如"必须戴防毒面具"标识。

图 3-5　指令标识牌

图 3-6　提示标识牌

提示标识——提供相关安全信息的图形（图 3-6），如"当心触电"标识。

警告标识——提醒对周围环境需要注意，以避免可能发生危险的图形（图 3-7），如"当心中毒"标识。

（2）警示线　警示线是界定和分隔危险区域的标识线，分为黄色警示线、红色警示线和绿色警示线，按照需要，警示线可喷涂在地面或制成色带设置。

图 3-7 警告标识牌举例

（3）警示语句 警示语句是一组表示禁止、警告、指令、提示或描述工作场所职业病危害的词语。警示语句可单独使用，也可与图形标识组合使用；警示语句根据工作场所职业病危险的实际状况进行选用。除了基本警示语句外，在特殊情况下，可自行编制适当的警示语句。警示语句既可单独使用，又可组合使用，也可构成完整的句子。

责任关怀实施准则中规定，企业应在易燃易爆、有毒有害场所的明显位置设置警示标志和告知牌。

工作场所职业病危害警示标识是指在工作场所设置的可以使劳动者对职业病危害产生警觉，并采取相应防护措施的图形标识、警示线、警示语句和文字。GBZ 158—2003《工作场所职业病危害警示标识》为强制性国家职业卫生标准，适用于可产生职业病危害的工作场所、设备及产品。

二、警示标识中安全色的含义及使用导则

警示标识中安全色的含义及使用导则如下：

① 红色表示禁止、停止、危险以及消防设备的意思。凡是禁止、停止、消防和有危险的器件或环境均应涂以红色的标记作为警示的信号。常用在消防设备标志，机械的停止按钮，

刹车及停车装置的操纵手柄,机器转动部件的裸露部分(如飞轮、齿轮、皮带轮等轮辐部分),指示器上各种表头的极限位置的刻度,各种危险信号旗等。

② 蓝色表示指令,要求人们必须遵守的规定。常用于各种指令标志。

③ 黄色表示提醒人们注意。凡是警告人们注意的器件、设备及环境都应以黄色表示。常用于警戒标记,如危险机器和坑池周围的警戒线等;各种飞轮、皮带轮及防护罩的内壁;警告信号旗等。

④ 绿色表示给人们提供允许、安全的信息。常用于各种提示标志;车间厂房内的安全通道、行人和车辆的通行标志、急救站和救护站等;消防疏散通道和其他安全防护设备标志;机器启动按钮及安全信号旗等。

三、有毒物品作业岗位职业病危害告知卡

可能产生职业病危害的设备发生故障时,或者维修、检修存在有毒物品的生产装置时,根据现场实际情况应设置"禁止启动"或"禁止入内"警示标识,可加注必要的警示语句。在产生粉尘的作业场所应设置"注意防尘"警告标识和"戴防尘口罩"指令标识;在可能产生职业性灼伤和腐蚀的作业场所,应设置"当心腐蚀"警告标识和"穿防护服""戴防护手套""穿防护鞋"等指令标识;在产生噪声的作业场所,应设置"噪声有害"警告标识(图 3-8)和"戴护耳器"指令标识等。

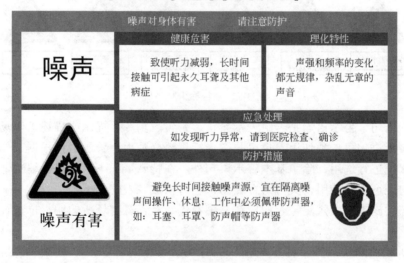

图 3-8 作业岗位职业病危害告知卡

根据实际需要,可由图形标识和文字组合成有毒物品作业岗位职业病危害告知卡,如图 3-9(以下简称"告知卡")。

依据《高毒物品目录》在使用高毒物品作业岗位醒目位置设置告知卡。告知卡图形和文字简洁明了,将作业中可能接触到的有毒物质的危害性告知劳动者,并提醒劳动者采取相应的预防和处理措施。

告知卡包括有毒物质的通用提示栏、有毒物品名称、理化特性、健康危害、警告标识、指令标识、应急处理急救和应急救援和咨询电话等内容。

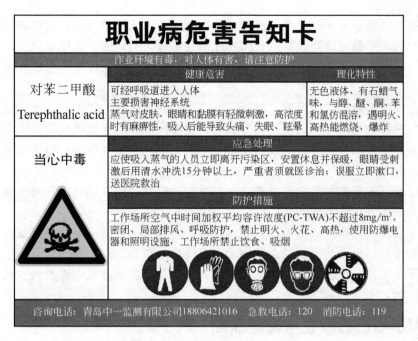

图 3-9 有毒物品作业岗位职业病危害告知卡

四、警示标识的设置

（1）接触或使用有毒物品作业场所警示标识的设置 在接触或使用有毒物质作业场所入口或作业场所的显著位置，根据需要设置"当心中毒"或者"当心有毒气体"警告标识，"戴防毒面具""穿防护服""注意通风"等指令标识和"紧急出口""救援电话"等提示标识。

在高毒物品作业场所，设置红色警示线。在一般有毒物品作业场所，设置黄色警示线。警示线设在使用有毒作业场所外缘不少于 30cm 处。

在高毒物品作业场所应急撤离通道设置紧急出口提示标识。在泄险区启用时，设置"禁止入内""禁止停留"警示标识，并加注必要的警示语句。

可能产生职业病危害的设备发生故障时，或者维修、检修存在有毒物品的生产装置时，根据现场实际情况设置"禁止启动"或"禁止入内"警示标识，可加注必要的警示语句。

（2）常用职业病危害工作场所警示标识的设置 在产生粉尘的作业场所设置"注意防尘"警告标识和"戴防尘口罩"指令标识。

在可能产生职业性灼伤和腐蚀的作业场所，设置"当心腐蚀"警告标识和"穿防护服""戴防护手套""穿防护鞋"等指令标识。

在产生噪声的作业场所，设置"噪声有害"警告标识和"戴护耳器"指令标识。

在高温作业场所，设置"注意高温"警告标识。

在可引起电光性眼炎的作业场所，设置"当心弧光"警告标识和"戴防护镜"指令标识。

存在生物性职业病危害因素的作业场所，设置"当心感染"警告标识和相应的指令标识。

存在放射性同位素和使用放射性装置的作业场所，设置"当心电离辐射"警告标识和相应的指令标识。

（3）产品包装警示标识的设置　可能产生职业病危害的化学品、放射性同位素和含放射性物质的材料的，产品包装要设置醒目的相应的警示标识和简明中文警示说明。警示说明载明产品特性、存在的有害因素、可能产生的危害后果、安全使用注意事项以及应急救治措施内容。

（4）储存场所警示标识的设置　储存可能产生职业病危害的化学品、放射性同位素和含有放射性物质材料的场所，在入口处和存放处设置相应的警示标识以及简明中文警示说明。

（5）职业病危害事故现场警示线的设置　在职业病危害事故现场，根据实际情况，设置临时警示线，划分出不同功能区。

红色警示线设在紧邻事故危害源周边，将危害源与其他的区域分隔开来，佩戴相应防护用具的专业人员才可以进入此区域。

黄色警示线设在危害区域的周边，其内外分别是危害区和洁净区，此区域内的人员要佩戴适当的防护用具，出入此区域的人员必须进行洗消处理。

绿色警示线设在救援区域的周边，将救援人员与公众隔离开来。患者的抢救治疗、指挥机构设在此区内。

五、警示标识的设立与管理原则

警示标识的设立与管理原则如下：

① 无论厂区或车间内，所设警示标识标志牌的观察距离不能覆盖全厂或全车间面积时，应多设几个标志牌，确保能随时引起工作人员或外来人员注意。

② 标志牌设置的高度，应尽量与人眼的视线高度相一致。悬挂式和柱式的环境信息标志牌的下缘距地面的高度不宜小于 2m；局部信息标志的设置高度应视具体情况确定。

③ 标志牌应设在与安全有关的醒目地方，并使大家看见后，有足够的时间来注意它所表示的内容。环境信息标志宜设在有关场所的入口处和醒目处；局部信息标志应设在所涉及的相应危险地点或设备（部件）附近的醒目处。

④ 标志牌不应设在门、窗、架等可移动的物体上，以免这些物体位置移动后，看不见安全标志。标志牌前不得放置妨碍认读的障碍物。

⑤ 标志牌的平面与视线夹角应接近 90°，观察者位于最大观察距离时，最小夹角不低于 75°。

⑥ 标志牌应设置在明亮的环境中。

⑦ 多个标志牌在一起设置时，应按警告、禁止、指令、提示类型的顺序，先左后右、先上后下地排列。

⑧ 标志牌的固定方式分附着式、悬挂式和柱式三种。悬挂式和附着式的固定应稳固不倾斜，柱式的标志牌和支架应牢固地连接在一起。

⑨ 警示标识的定期检查与置换。安全警示标志牌每半年至少检查一次，应由专职或兼职职业卫生管理人员定期现场检查标识的损坏情况，如有破损、变形、褪色等不符合要求时应及时修整或更换。

⑩ 标识的增减。如工作场所危害因素因仪器设备、生产工艺、使用原料、作业方式等发生变化时，应及时更新现场警示标识。

⑪ 加强员工对标识的认识。应对员工进行相关职业卫生知识培训，做到熟悉掌握现场职业病危害因素对人体危害，并能正确理解警示标识。

该标准规定，根据工作场所实际情况，可以组合使用各类警示标识。图形标识可与相应的警示语句配合使用。图形、警示语句和文字一般设置在工厂入口、车间入口、厂区内、工作地点的显著位置；当观察距离不能覆盖所有工作场所时，应多处设置。设置高度与人员视线高度一致；悬挂式/柱式标志下缘距离地面高度不宜小于 2m。

警示线是界定和分隔危险区域的标识线，分为红色、黄色和绿色 3 种。按照需要，警示线可喷涂在地面或制成色带设置。

有时一些常规的如警示标志还是不够说明问题。如图 3-10 是一家化工企业的防差错看板，形象，具体。看板上标注的字是"注意：关阀门时别使用 F 扳手使劲关，只需用手关紧即可，以免阀门损坏。描述：当因某种原因需切换使用回用水时，操作一定要对各阀门认真、反复地确认，以免生产事故。上图标识请对照"。

图 3-10　回用水阀选择防差错看板

第五节　安全防护措施

一、控制可燃物

1. 隔离

化工生产区与施工区尽量隔离，以降低风险或消除风险。隔离方法与控制措施如下：一是在施工区与化工生产区相连通的地方扎架子，挂帆布隔离，帆布的高度应高于施工作业面 2m 以上，并定时检查，防止生产区的易燃、易爆物质进入施工现场；二是在放散口上方用架子隔离，架子上铺多层湿麻袋，并定时检查；三是管道隔离，有可燃物介质的管道通过施工区时，要临时配管改道绕开施工区，不能改道的管道，采用防水保护层防护，再用架子隔离保护。

2. 控制空气中的可燃物含量

在易燃易爆物质可能泄漏到的施工地点，对于现场的死角，采用防爆风机强制通风，使易燃、易爆物质尽快扩散不积聚，降低可燃物在空气中的含量。生产、施工方人员配备移动气体监视仪，发现易燃易爆物质在空气中含量超标时，马上查明可燃物来源，及时处理。

3. 施工方与生产方加强联系

施工时要与生产方密切联系，及时向生产方通报施工进展情况，生产方的生产装置要保持相对稳定，生产装置内可燃物质需要放散或有泄漏时，生产方应立即通过施工方停工、停止动火作业。

二、控制火源

控制火源的措施如下：

① 施工区内，电气须用防爆型产品，不准敲打金属，禁止机械切割金属产生火花。

② 施工方安装及拆除设备、管道时必须制定可行的施工方案，在双方审核认同后再施工。尽量少在施工现场动火，必须在设备、管道上动火时，应在做好防护措施的基础上，集中在同一时间内动火，并限定动火时间。

③ 施工现场要求准备足够的消防器材。动火时严格把关，安全、保卫及相关部门第一责任人负责到现场落实安全措施是否到位，现场岗位操作人员负责落实生产是否符合安全施工条件，共同对动火前的准备工作层层把关。符合动火要求后，签发动火许可书后方可动火。

④ 施工现场万一出现火险，应立即起动公司防火防爆应急预案。

在煤化工生产区施工动火是比较危险的，但制定了切实可行的控制措施后，是可以进行的，这样既能保证施工进度，又能确保安全生产，取得较好的效益。

三、带电作业的安全规定及安全防护措施

1. 低压带电作业的相关规定

低压带电作业的相关规定如下：

① 低压带电作业应设专人监护，使用绝缘柄的工具。工作时，站在干燥的绝缘物上进行，并戴绝缘手套和安全帽。必须穿长袖衣工作，严禁使用锉刀、金属尺和带有金属物的毛刷、毛掸等工具。

② 高低压同杆架设，在低压带电线路上工作时，应先检查与高压线的距离，采取误碰带电高压设备的措施。在低压带电导线未采取绝缘措施时，工作人员不得穿越。在带电的低压配电装置上工作时，应采取防止相间短路和单相接地的绝缘隔离措施。

③ 带电作业前，应先分清火线、地线，选好工作位置。断开导线时，应先断开火线，后断开地线。搭接导线时，顺序应相反。

2. 低压带电作业应注意的事项

低压带电作业注意事项如下：

① 带电工作应由经过培训、考试合格的人员担任，作业现场至少要有两人；两人同杆工作时，只许一人接触带电部分。

② 要有专人监护，在带电工作过程中监护人不得离开工作现场或委托他人监护；若发现作业人胆怯或有其他不正常身心状态，应令其停止工作。

③ 要戴绝缘手套和安全帽，穿长袖紧口工作服；严禁穿背心、短裤工作。
④ 应使用有完好绝缘手柄的工具；严禁用锉刀、金属尺和带有金属物的工具。

3. 带电作业的安全防护措施

安全防护措施是配电室及现场带电作业中保证电工作业人员安全的重要措施之一，因此，安全防护的重要措施如下：
① 带电作业人员在作业中利用良好的绝缘工具隔离或遮蔽带电体和接地体。
② 带电作业人员必须按规定穿戴合格的绝缘防护用具。
③ 必须检查使用绝缘合格的检测电笔、防护器材、作业工具、测量表计和检修机具等。

第六节　个体防护装备

个人防护用品是指作业者在工作过程中为免遭或减轻事故伤害和职业危害，个人随身穿（佩）戴的用品，是保护劳动者在劳动过程中的安全与健康的一种防御性装备，统称个人防护装备。

个人防护用品在预防职业性有害因素的综合措施中，属于三级预防中的二级预防，当职业性有害因素不能采取有效的技术措施控制和改善时，使用个人防护用品是保障健康的主要防护手段。个人防护用品包括防护帽、防护服、防护眼镜和面罩、呼吸防护器、防噪声用具以及皮肤防护用品等。选择个人防护用品应注意其防护特性和效能，在使用时还应加强训练、管理和维护，才能保证其经常有效。

一、头部防护用品

头部防护用品是为防御头部不受外来物体打击和其他因素危害而配备的个人防护装备。

在生产过程中，如石油勘探、采油、井下作业、建筑施工等可能发生物件、建筑材料坠落或抛出，若在场人员不戴安全帽被坠落物击中头部，将会造成严重伤害。另外，如旋转的机床、喷漆、水泥、化肥等作业，需要保护头部毛发和皮肤不被机器绞上造成撕脱头皮甚至严重人身伤害及避免粉尘、油脂类液体沾污毛发和皮肤，应戴工作帽或头罩。防护头盔多用合成树脂，如改性聚乙烯、聚苯乙烯树脂、聚碳酸酯、玻璃纤维增强树脂、橡胶等制成，国家标准 GB 2811—2019 对其形式、颜色、耐冲击、耐燃烧、耐低温、绝缘性能等有专门规定。根据防护功能要求，主要有普通工作帽、防尘帽、防水帽、防寒帽、安全帽、防静电帽、防高温帽、防电磁辐射帽、防昆虫帽等，在生产作业中要结合不同的作业性质配发、佩戴不同的防护帽。

根据结构，如图 3-11，防护头盔可分为单纯式和组合式两类。单纯式有一般建筑工人、煤矿工人佩戴的帽盔，用于防重物坠落砸伤头部。机械、化工等工厂防污染用的以棉布或合成纤维制成的带舌帽亦为单纯式。组合式的有：
① 电焊工安全防护帽，防护帽和电焊工用面罩连为一体，起到保护头部和眼睛的作用。
② 矿用安全防尘帽，由滤尘帽盔和口鼻罩及其附件组成。防尘帽盔包括外盔、内帽和帽衬，外盔和内帽间为间距 4～14mm 的夹层空间，其中安置有半球状高效过滤层，将夹层

空间分隔为过滤外腔和过滤内腔。帽盔前端设进气孔，连通外腔，内腔设出气孔，于帽盔两侧与橡胶导气管连接，再通往口鼻罩。口鼻罩按一般人面型设计，接面严密，并设呼气阀。每当吸气时，含尘空气通过外盔上的进气孔进入过滤外腔，透过高效过滤层净化后进入过滤内腔，净化后的空气再经出气孔橡胶导气管、口鼻罩进入呼吸道，呼出气由呼气阀排出。

③ 防尘防噪声安全帽，为安全防尘帽加上防噪声耳罩。

二、呼吸器官防护用品

呼吸器官防护用品是为防御有害气体、蒸气、粉尘、烟、雾经呼吸道吸入人体，或直接向佩戴者供氧或清净空气，保证尘、毒污染或缺氧环境中作业人员正常呼吸的防护用具。

呼吸器官防护用品按防护功能主要分为防尘口罩和防毒口罩（面具），按结构和作用又可分为过滤式和隔离式两类。

1. 过滤式呼吸防护器

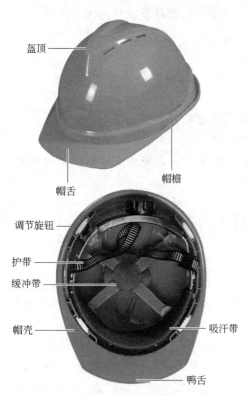

图 3-11　安全帽结构

过滤式呼吸防护器以佩戴者自身呼吸为动力，将空气中有害物质予以过滤净化。适用于空气中有害物质浓度不是很高，且空气中含氧量不低于 18% 的场所，有机械过滤式和化学过滤式两种。

（1）机械过滤式　主要为防御各种粉尘和烟雾等质点较大的固体有害物质的防尘口罩。其过滤净化全靠多孔性滤料的机械式阻挡作用。其又可分为简式和复式两种，简式直接将滤料做成口鼻罩，结构简单，但效果较差，如一般纱布口罩。复式将吸气与呼气分为两个通路，分别由两个阀门控制。性能好的滤料能滤掉细尘，通气性好，阻力小。呼气阀门气密性好，防止含尘空气进入，在使用一段时间后，因粉尘阻塞滤料孔隙，吸气阻力增大，此时应更换滤料或将滤料处理后再用。GB 2626—2019 将自吸过滤式防尘口罩分为 3 类，分别是随弃式面罩（无呼吸阀、有呼吸阀）、可更换式半面罩、全面罩。

（2）化学过滤式　如图 3-12，简单的有以浸入药剂的纱布为滤垫的简易防毒口罩，还有一般所说的防毒面具，由薄橡皮制的面罩、短皮管、药罐三部分组成，或在面罩上直接连接一个或两个药盒。如某些有害物质并不刺激皮肤或黏膜，就不用面罩，只用一个连储药盒的口罩（也称半面罩）。无论面罩或口罩，其吸入和呼出通路是分开的。面罩或口罩与面部之间的空隙不应太大，以免其中二氧化碳太多，影响吸气成分。防毒面罩（口罩）应达到机械过滤式防尘面罩如下所述的卫生要求。

① 滤毒性能好。滤料的种类依毒物的性质、浓度和防护时间而定，如表 3-9。我国现产的滤毒罐，各种型号涂有不同颜色，并有适用范围和滤料的有效期。一定要避免使用滤料失效的呼吸防护器，以前主要依靠嗅觉和规定使用时间来判断滤料失效，但这两种方法

都有一定局限性；现在开始应用装在滤料内的半导体气敏传感器来进行判断，收到了较好的效果。

表 3-9　常用防毒滤料及其防护对象

防护对象	滤料名称	防护对象	滤料名称
有机化合物蒸气	活性炭	一氧化碳	霍布卡①
酸雾	钠碳	汞	含碘活性炭
氨	硫酸铜		

① 预防 CO 的防毒面具滤料为二氧化锰 50%，氧化铜 30%，氧化钴 15%，氧化银 5%，俗称"霍布卡"。

② 面罩和呼气阀的气密性好。
③ 呼吸阻力小。
④ 不妨碍视野，质量轻。

2. 隔离（供气）式呼吸防护器

经隔离（供气）式呼吸防护器吸入的空气并非经净化的现场空气，而是另行供给。按其供气方式又可分为自带式与外界输入式两类。

（1）自带式　由面罩、短导气管、供气调节阀和供气罐组成。供气罐应耐压，固定于工人背部或前胸，其呼吸通路与外界隔绝。

图 3-12　化学过滤式全面罩

其有两种供气形式：

① 罐内盛压缩氧气（空气）供吸入，呼出的二氧化碳由呼吸通路中的滤料（钠石灰等）除去，再循环吸入，例如常用的两小时氧气呼吸器（AHG-2 型）。

② 罐中盛过氧化物（如过氧化钠、过氧化钾）及小量铜盐作触媒，借呼出的水蒸气及二氧化碳发生化学反应，产生氧气供吸入。此类防护器可维持 0.5～2h，主要用于意外事故时或密不通风且有害物质浓度极高而又缺氧的工作环境。但使用过氧化物作为供气源时，要注意防止其供气罐损漏而引起事故。现国产氧供气式呼吸防护器装有应急补给装置，当发现氧供应量不足时，用手指猛按应急装置按钮，可放出氧气供 2～3min 内应急使用，便于佩戴者立即脱离现场。

（2）外界输入式　常用的有两种。

① 蛇管面具：由面罩和面罩相接的长蛇管组成，蛇管固置于皮腰带上的供气调节阀上。蛇管末端接一油水尘屑分离器，其后再接输气的压缩空气机或鼓风机，冬季还需在分离器前加空气预热器。用鼓风机蛇管长度不宜超过 50m，用压缩空气时蛇管可长达 100～200m。还有一种将蛇管末端置于空气清洁处，靠使用者自身吸气时输入空气，长度不宜超过 8m。

② 送气口罩和头盔：送气口罩为一吸入与呼出通道分开的口罩，连一段短蛇管，管尾接于皮带上的供气阀。送气头盔为能罩住头部并伸延至肩部的特殊头罩，以小橡皮管一端伸入盔内供气，另一端也固定于皮腰带上的供气阀，送气口罩和头盔所需供呼吸的空气，可经由安装在附近墙上的空气管路，通过小橡皮管输入。

三、眼面部防护用品

眼面部防护用品为用来预防烟雾、尘粒、金属火花和飞屑、热、电磁辐射、激光、化学飞溅等伤害眼睛或面部的个人防护用品。根据防护功能，大致可分为防尘、防水、防冲击、防高温、防电磁辐射、防射线、防化学飞溅、防风沙、防强光 9 类。

按结构分为防护眼镜和防护面罩两个类型。

1. 防护眼镜

防护眼镜一般用于预防各种焊接、切割、炉前工、辐射线的危害。可根据作用原理将防护镜片分为以下三类：

① 反射性防护镜片。根据反射的方式，还可分为干涉型和衍射型。在玻璃镜片上涂布光亮的金属薄膜，如铬、镍、银等，在一般情况下，可反射的辐射线范围较宽（包括红外线、紫外线、微波等），反射率可达 95%，适用于多种非电离辐射作业。另外还有一种涂布二氧化亚锡薄膜的防微波镜片，反射微波效果良好。

② 吸收性防护镜片。根据选择吸收光线的原理，用带有色泽的玻璃制成，例如接触红外辐射应佩戴绿色镜片，接触紫外辐射佩戴深绿色镜片，还有一种加入氧化亚铁的镜片能较全面地吸收辐射线。此外，防激光镜片有其特殊性，多用高分子合成材料制成，针对不同波长的激光，采用不同的镜片，镜片具有不同的颜色，并注明所防激光的光密度值和波长，不得错用。使用一定时间后，须交有关检测机构校验，不能长期使用。

③ 复合性防护镜片。将一种或多种染料加到基体中，再在其上蒸镀多层介质反射膜层。由于这种防护镜将吸收性防护镜和反射性防护镜的优点结合在一起，在一定程度上改善了防护效果。

2. 防护面罩

① 防固体屑末和化学溶液面罩用轻质透明塑料如聚碳酸酯塑料制作，面罩两侧和下端分别向两耳和下颌下端及颈部延伸，使面罩能全面地覆盖面部，增强防护效果。

② 防热面罩除与铝箔防热服相配套的铝箔面罩外，还有的用镀铬或镍的双层金属网制成，反射热和隔热作用良好，并能防微波辐射。

③ 电焊工用面罩用制作电焊工防护眼镜的深绿色玻璃，周边配以厚硬纸纤维制成，防热效果较好，并具有一定电绝缘性。

四、听觉器官防护用品

听觉器官防护用品是用来防止过量的声能侵入外耳道，使人耳避免噪声的过度刺激，减少听力损失，预防因噪声对人身引起不良影响的个体防护用品。听觉器官防护用品主要有耳塞、耳罩和防噪声头盔三大类。

（1）耳塞　是一种结构简单、体积小、重量轻、易插入外耳道的听力保护器。只要正确佩戴，耳塞可以提供较高的声衰减，一般可衰减 15～25dB。耳塞常用材料为塑料和橡胶，按结构和外形可分为圆锥形、蘑菇形、伞形、提篮形、圆柱形、可塑形、硅胶成型耳塞，超细纤维玻璃棉及棉纱耳塞。对耳塞的要求为：应有不同规格适合于个人外耳道的构型，隔声性能好，舒适，易佩戴和取出，不易滑脱，易清洗消毒，不变形，等。目前市售最简单有效者为一种塑制海绵圆柱体，富有弹性且柔软，用时捏紧塞入耳道，然后待其自行弹起，可适应于不同型耳道。

（2）耳罩　常以塑料制成矩形杯碗状，内具泡沫或海绵垫层，覆盖于双耳，两杯碗间以富有弹性的头带（弓架）连接，使紧夹于头部。耳罩能罩住部分乳突骨和头颅骨，有助于降低一小部分能经骨传导到达内耳的噪声。要求其隔音性能好，耳罩壳体的低限共振率低，无压痛、使用舒适。

（3）防噪声头盔　能覆盖大部分头骨，以防止强烈噪声经空气和骨传导而到达内耳，帽盔两侧耳部常垫衬防声材料，以加强防护效果。有软、硬式两种。软式质轻，热导率小，声衰减量为24dB，缺点是不通风。硬式声衰减量可达30～50dB。

防噪声用具应根据环境噪声强度和性质、各种防护用具的性能及使用范围进行选用，选用时按说明书使用。

五、手部防护用品

具有保护手和手臂的功能，供作业者劳动时戴用的手套称为手部防护用品（劳动防护手套）。按照防护功能将手部防护用品分为12类，即普通防护手套、防水手套、防寒手套、防毒手套、防静电手套、防高温手套、防X射线手套、防酸碱手套、防油手套、防震手套、防切割手套、绝缘手套。劳动防护手套种类很多，要使防护手套真正起到保护作用，应根据不同的工作场所和性质，正确选用劳动防护手套。

（1）带电作业用绝缘手套　是一种在进行带电作业时使人免受触电伤害的个人防护用品。

（2）焊工手套　焊工由于受到电弧产生的强烈紫外线及强烈的辐射热的影响，而且手容易受到焊接火花及飞溅的熔融金属的烫伤，出汗时有触电的危险，因此，手套须用鞣制牛皮或猪皮来制造，而且对于手套皮革的力学性能、化学性能、体积电阻要求较高。

（3）防酸（碱）手套　主要是作业人员在接触酸、碱时防止酸、碱的直接侵害，适用于化工、印染、电镀、热处理等企业或场所的作业人员在接触酸、碱时使用。

（4）防X射线手套　在工业无损检测及医疗X射线诊断等方面，越来越多的人从事电离辐射工作，因此防X射线手套也得到广泛应用。目前我国主要有橡胶制、胶乳制及非铅金属复合材料制防X射线手套，其中橡胶制手套用得最多。

六、足部防护用品

足部防护用品是防止生产过程中有害物质和能量损伤作业者足部的护具，是个人防护用品中必不可少的部分，称为劳动防护鞋。按照防护功能分为防尘鞋、防水鞋、防寒鞋、防足趾鞋、防静电鞋、防高温鞋、防酸碱鞋、防油鞋、防烫脚鞋、防滑鞋、防刺穿鞋、电绝缘鞋、防震鞋共13类。对于工厂、化工、矿山等系统，在不同作业环境下，都应根据需要选用相应的防护鞋，以保护作业人员的脚部免受伤害。

七、躯干防护用品

躯干防护用品即通常讲的防护服。根据防护功能分为普通防护服、防水服、防寒服、防砸背心、防毒服、阻燃服、防静电服、防高温服、防电磁辐射服、耐酸碱服、防油服、水上救生衣、防昆虫服、防风沙服共14类产品。下面介绍几种常用的防护服。

（1）阻燃防护服　阻燃防护服是指在直接接触火焰及灼热物件后，能减缓火焰蔓延，使衣服炭化形成隔离层，以保护人体的安全与健康所使用的防护服。主要用于金属热加工、焊接、化工、石油等从事明火或散发火花或在熔融金属附近作业的场所。

（2）防化学污染物　一般有两类：一类用涂有对所防化学物不渗透或渗透率较小的聚合物化纤或天然织物做成，并经某种助剂浸轧或防水涂层处理，提高抗透能力；另一类是防酸工作服，是指从事酸作业人员穿用的具有防酸性能的防护服。防酸工作服主要用于化工厂、电镀厂、蓄电池厂等，以及化工产品运输和销售部门、实验室等行业的酸污染场所。防酸工作服分透气型和不透气型两类。透气型防酸工作服用于中、轻度酸污染场所，有分身式和大褂式两种。不透气型防酸工作服用于严重污染场所，主要有连体式、分身式、防酸围裙、套袖、帽等，用丙纶、涤纶或氯纶等制作。

（3）防静电工作服　为了防止衣服的静电积累，用防静电织物面料而缝制的工作服称防静电工作服。

八、护肤用品

护肤用品用于防止皮肤受化学、物理等因素的危害。如各类溶剂、漆类、酸碱溶液、紫外线、微生物等的刺激作用。护肤用品一般是在整个劳动过程中使用，上岗时涂抹，下班后清洗，可起一定隔离作用，使皮肤得到保护。按照防护功能，可分为防毒、防腐、防射线、防油漆及其他类。

九、复合防护用品

对于有些全身都暴露于有害因素，尤其是放射性物质的职业，例如介入手术医生，应佩戴能防护全身的由铅胶板制作的复合防护用品。考虑到医生工作的特殊性，防护用品不仅要有可靠的防护效果，还要轻便、舒适、方便使用。这种防护用品由防护帽、防护颈套、防护眼镜、全身整体防护服或分体防护服组成。对于眼晶体、甲状腺、女性乳腺、性腺等敏感部位，铅胶板厚度应加大。

十、管理及使用防护用品的注意事项

个人防护是目前防治职业性有害因素的一种重要手段，要点是挑选有效的防护用品并管好用好这些防护用品，在实施过程中后者更为困难。为了管好用好防护用品，应注意以下几点：

① 建立规章制度，强制性使用防护用品，列入劳动合同内容。建立专门的管理小组或管理人员，正确选择符合要求的用品，专人负责收发、清洁、维护保养、更旧换新等工作。

② 使用防护用品的人员事先应进行训练，以便正确运用。防护用具如呼吸防护器、防噪声用具等，必须在整个接触时间内认真充分佩戴。对于结构和使用方法较为复杂的用品，如呼吸防护器，宜反复进行训练，使能迅速正确地戴上、卸下和使用，并逐渐习惯于呼吸防护器的阻力。用于紧急救灾时的呼吸防护器，要定期严格检查，并妥善地存放在可能发生事故的邻近地点，便于及时取用。

③ 对每个化学净化供氧（空气）呼吸防护器，均应置备一个记录卡，记明药罐（盒）或供气瓶的最后检查和更换日期，以及已用过的次数等。药罐不用时，应将通路封塞，以防失效。滤料按时更换。

④ 以压缩空气作为供气源时，应注意压缩空气机是否过热，以免产生一氧化碳。

⑤ 定期检查面具、蛇管和支撑附件等是否泄漏或损坏，以便及时更换，防止失效。

⑥ 耳塞、面具和口罩应定期清洗消毒，特别是公用的，每次使用后必须及时清洗消毒、晾干。呼吸防护器应放置在阴凉干燥处。防止皮肤污染的工作服，用后应集中处理洗涤。

⑦ 个人卫生设施。为保持良好的个人卫生状况，减少毒物作用机会，应设置盥洗设备、淋浴室及存衣室，配备个人专用更衣箱。对皮肤、眼睛等局部作用危险性大的毒物，要有洗消皮肤和冲洗眼的设施。

本章小结

本章介绍了职业安全管理中的七个要素，分别是风险管理、隐患排查、作业安全、设备设施安全、安全标志、安全防护措施、个体防护装备。做好职业病危害防护，首先要对企业进行危险源识别和职业危害因素识别、隐患排查和日常的作业安全管理；维护好设备设施安全；规范张贴安全标志；做好安全防护措施和个体防护装备管理和使用工作。这些都是围绕人的不安全行为、物的不安全状态以及管理不足展开的。

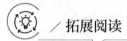

拓展阅读

正压式空气呼吸器的使用及佩戴注意事项

1. 使用前的检查、准备工作

① 打开空气呼吸器气瓶开关，气瓶内的储存压力一般为 28~30MPa，随着管路、减压系统中压力的上升，会听到余压报警器报警。

② 关闭气瓶阀，观察压力表的读数变化，在 5min 内，压力表读数下降应不超过 2MPa，表明供气管系高压气密性好。否则，应检查各接头部位的气密性。

③ 通过供给阀的杠杆，轻轻按动供给阀膜片组，使管路中的空气缓慢排出，当压力下降至 4~6MPa 时，余压报警器应发出报警声音，并且连续响到压力表指示值接近零。否则，就要重新校验报警器。

④ 压力表有无损坏，它的连接是否牢固。

⑤ 中压导管是否老化，有无裂痕，有无漏气处，它和供给阀、快速接头、减压器的连接是否牢固，有无损坏。

⑥ 供给阀的动作是否灵活，是否缺件，它和中压导管的连接是否牢固，是否损坏。供给阀和呼气阀是否匹配。戴上呼气器，打开气瓶开关，按压供给阀杠杆使其处于工作状态。在吸气时，供给阀应供气，有明显的"咝咝"响声。在呼气或屏气时，供给阀停止供气，没有"咝咝"响声，说明匹配良好。如果在呼气或屏气时供给阀仍然供气，可以听到"咝咝"声，说明不匹配，应校验正压式空气呼气阀的通气阻力，或调换全面罩，使其达到匹配要求。

⑦ 检查全面罩的镜片、系带、环状密封、呼气阀、吸气阀是否完好，有无缺件和供给阀的连接位置是否正确，连接是否牢固。全面罩的镜片及其他部分要清洁、明亮和无污物。检查全面罩与面部贴合是否良好并气密，方法是：关闭空气瓶开关，深吸数次，将空气呼吸器管路系统的余留气体吸尽，全面罩内保持负压，在大气压作用下全面罩应向人体面部移动，

感觉呼吸困难,证明全面罩和呼气阀有良好的气密性。

⑧ 气瓶的固定是否牢固,它和减压器连接是否牢固、气密。背带、腰带是否完好,有无断裂处等。

2. 佩戴使用

① 佩戴时,先将快速接头断开(以防在佩戴时损坏全面罩),然后将呼吸器背托在人体背部(空气瓶开关在下方),根据身材调节好肩带、腰带并系紧,以合身、牢靠、舒适为宜。

② 把全面罩上的长系带套在脖子上,使用前全面罩置于胸前,以便随时佩戴,然后将快速接头接好。

③ 将供给阀的转换开关置于关闭位置,打开空气瓶开关。

④ 戴好全面罩(可不用系带)进行2~3次深呼吸,应感觉舒畅。屏气或呼气时,供给阀应停止供气,无"咝咝"的响声。用手按压供给阀的杠杆,检查其开启或关闭是否灵活。一切正常时,将全面罩系带收紧,收紧程度以既要保证气密又感觉舒适、无明显的压痛为宜。

⑤ 撤离现场到达安全处所后,将全面罩系带卡子松开,摘下全面罩。

⑥ 关闭气瓶开关,打开供给阀,拔开快速接头,从身上卸下呼吸器。

3. 呼吸器使用注意事项

① 有呼吸方面疾病的消防员,不可担任需要呼吸器具的工作。

② 担任劳动强度较大的工作后,不应立即使用隔绝式呼吸器。

③ 需要呼吸器的工作,应有两个人在一起伴行,以彼此照应。

④ 佩戴者在使用中,应随时观察压力表的指示值,根据撤离到安全地点的距离和时间,及时撤离灾区现场,或听到报警器发出报警信号后及时撤离灾区现场。

⑤ 一旦进入空气污染区,呼吸器不应取下,直到离开污染区后,同事还应注意不能因能见度有所改善,就认为该区域已无污染,误将呼吸器卸下。

⑥ 打开气瓶阀时,为确保供气充足,阀门必须拧开2圈以上,或全部打开。

⑦ 气瓶在使用过程中,应避免碰撞、划伤和敲击,避免高温烘烤和高寒冷冻及阳光下暴晒,油漆脱落应及时修补,防止瓶壁生锈。在使用过程中发现有严重腐蚀或损伤时,应立即停止使用,提前检验,合格后方可使用。超高强度钢空气瓶的使用年限为12年。

⑧ 气瓶内的空气不能全部用尽,应留下不小于0.05MPa压力的剩余空气。

通过实训课程练习使用正压式呼吸器,说说你使用后的感受和使用中出现的问题。

思考题

1. 一般主要采用哪几种方法进行风险识别?
2. 简述石油化工行业职业危害因素的特点,识别的基本步骤。
3. 作业许可人员的主要职责是什么?
4. 什么是安全联锁装置?
5. 什么是变更管理,变更的种类有哪些?

第四章 职业病危害与防护

第一节 职业病危害因素

工作场所存在职业病危害因素的企业，应及时、如实向所在地卫生健康主管部门申报职业病危害项目。产生法定变更情形的应按规定向原申报机关申报变更。

企业应开展职业病危害日常监测、定期检测评价，职业病危害严重的企业应定期开展现状评价，检测、评价结果应当存入企业职业健康档案。

以人为本的原则贯穿在责任关怀职业健康安全的各个环节，首先要识别什么是职业性有害因素，引起何种职业性病损及暴露于（接触）有害因素与引起职业性病损之间的各种影响因素（即作用条件）。因此，职业性有害因素、职业性病损和作用条件是职业卫生实践的三个要素，也可称三个环节。

石油炼制及后续的化工生产工艺复杂，生产类型多样。从整体看，自动化程度高，多为管道化、连续生产，生产装置大多为半敞开式框架结构，空气流通；但多数生产过程工艺条件严格，有害因素种类繁多，尚存有手工和野外（露天）作业方式，少数装置工艺落后，存在不少隐患，职业危害因素仍能从多方面影响作业人群。

一、生产过程产生的危害因素

1. 化学因素

（1）有毒物质　许多有毒化学物在常温常压下呈气体状态，有的无色无味。这些有毒化学物随着劳动者的呼吸通过呼吸道侵入体内，损害健康。常见的有：硫化氢、氨、一氧化碳、氢氰酸等。有些在生产过程中是液态，一旦释放至工作场所则转变为气态。

大部分的有毒化学物在常温常压下呈液态，在特定情况下可转化为气态，其中大都可通过皮肤吸收，侵入人体产生危害。若劳动者短时间内皮肤大面积直接接触此类化学物则可引起急性中毒。常见的有：二硫化碳、苯、二甲苯等。

常见的毒物有：

氯乙烯生产过程中的氯、氯化氢、乙烯、二氯乙烷、乙烯等毒物；

苯乙烯生产过程中的苯、甲苯、乙基苯、苯乙烯等毒物；

丁苯橡胶生产过程中的丁二烯、苯乙烯、高芳烃油、过氧化二异丙苯、歧化松香酸钾皂、乙二胺四醋酸四钠盐、萘磺酸钠甲醛缩合物、氯化钾、甲醛次硫酸氢钠、亚硝酸钠等十几种；

丙烯腈生产过程中的丙烯、氨、丙烯腈、乙腈、氢氰酸等毒物。

（2）生产性粉尘　主要是各类粉尘，当粉尘颗粒小于 15μm 时，大量悬浮于空气中，随劳动者呼吸进入肺部。如炼油生产过程中的石油焦粉尘，使用的催化剂硅酸铝（粉末状）等；催化剂生产过程中的金属粉尘、水泥粉尘；其他如聚氯乙烯粉尘、苯酐粉末、石棉、滑石粉、碳酸钠等。

2. 物理因素

（1）异常气象条件　如高温、低温、高湿等。

（2）异常气压　如高气压、低气压等。

（3）噪声　来自机器自身的撞击、转动、摩擦，如压缩机、锅炉、鼓风机、球磨机、泵等；来自流体在管线、容器内的流动撞击以及压力突变产生的噪声，如高压蒸汽的放空等；来自电机交变力而产生的噪声，如发电机、变压器等。石化企业作业场所中的噪声频谱分布以中高频为主。

（4）振动　振动的最初度量有频率、峰值加速度和振动方向。频率为 1Hz 以下的振动可导致晕动病，1～30Hz 导致全身振动；30～100Hz 导致手臂振动；100Hz 以上导致手振动。随着加速度峰值的增加，损害会加重。常见的振动有循环压缩机转动时引起包括厂房在内的振动；钻井、采油、转油等石油开采作业产生的振动；其他如使用风动工具（风锤、风钻）、电动工具（电锯、电钻）、运输工具等产生的振动。

（5）非电离辐射　如电焊时产生的紫外线、可见光、红外线、激光和射频辐射等能量水平低，不足以导致生物组织电离的辐射等。

（6）电离辐射　如工业探伤的 X 射线，放射性同位素仪表产生的 γ 射线等。电离辐射是由直接或间接致电离粒子所组成的辐射，主要有 α、β、γ、X 射线，中子流等；其中 γ 射线、X 射线、中子流能量较大，对健康影响比较严重，在石化企业中用放射性物质测定岩石层位、石油层位、液体料位等。

3. 生物因素

生物因素可分为以下几类：

① 微生物：如布氏杆菌、炭疽杆菌、森林脑炎病毒等；
② 昆虫和尾蚴；
③ 水生动物体液；
④ 各种生物或生物的蛋白质、鸭毛绒、棉尘、谷尘等。

4. 上述因素可能产生的原因

上述因素的产生与生产工艺、生产设备、材料、防护等因素有关。

① 正常生产时，可因设备管理等问题，发生跑、冒、滴、漏，高温、噪声、辐射危害，职业卫生防护不当可以加重危害。
② 生产波动、生产性事故时，可有大量有害因素释放。
③ 检查维修过程可有多种有害因素存在。
④ 特殊劳动条件，如进入有限空间作业。
⑤ 特殊作业，如采样，人工检尺，装填，清卸物料，手工、半自动式灌装有毒物质等。

二、劳动过程中的有害因素

劳动过程中的有害因素如下：

① 劳动组织和劳动作息安排上的不合理，大检修或抢修期间，易发生劳动组织和制度的不合理，致使劳动者易于出现感情和劳动习惯的不适应。

② 职业心理紧张，自动化程度高，仪表控制代替了笨重的体力劳动和手工操作，也带来了精神紧张的问题。

③ 生产定额不当、劳动强度过大，与劳动者生理状况不相适应等。检修期间工业探伤的工作量特大，有时一天需拍片数十张，加之个人防护易被忽视，接受 X 射线剂量往往超过规定。

④ 过度疲劳。个别器官或系统的过度疲劳，长期处于某种不良体位或使用不合理的工具等。

三、生产环境的有害因素

1. 自然环境因素

自然环境因素，如炎热季节中的太阳辐射（室外露天作业）；油田企业夏季野外作业。

2. 厂房布置不合理

厂房建筑或布置不合理，如有毒岗位与无毒岗位设在同一工作间内。

3. 环境污染

不合理生产过程致环境污染，如氯气回收、精制、液化等岗位产生的氯气泄漏，有时造成周围环境的污染。

石油化工企业职业病危害因素的存在往往不是单一的，如化学因素常与物理因素共同存在，既有有毒有害气体，又有噪声或高温。以生产氯乙烯为例，生产环境空气中既有氯、氯化氢、二氯乙烷、氯乙烯的气体，又有噪声；化肥生产的转化炉岗位，空气中可测到低浓度一氧化碳，同时存在高温；焦化渣油泵房，既可测出烯烃、烷烃，又有高温、噪声。石化生产既有生产过程的危害因素，又有劳动过程、生产环境的职业病危害因素。一般而言，在石油化工作业场所中，多种化学性危害因素、物理性危害因素均同时存在，但可能以某种因素为主，员工长期接触的大多数危害因素为较低浓度（强度）。因此，在防治职业病危害因素时需综合考虑，突出重点。这充分反映了石油化工企业职业病危害的复杂性，它为生产性有害因素的识别、评价及生产环境的改善，健康影响的评判处理带来了困难。

第二节　职业健康风险评估技术

一、健康风险评估

健康风险评估（health risk assessment），是风险评估在健康领域的应用，指通过收集大量的个人（或单位）健康信息以及影响其健康相关因素的信息，建立评估模型，分析影响因素与健康状态之间的量化关系，预测个人（或单位）在一定时间内发生某种特定疾病（特定健康损害），或因某种特定疾病（特定健康损害）导致死亡（疾病）的可能性，即对个人（或单位）的健康状况及未来患病或死亡危险性的量化评估。其中影响健康的因素也即流行病学中的危险因素。健康风险评估是一种方法或工具，既可用于个体，也可用于群体。因此，健康风险评估的对象不仅仅是具体的某一个人，也可以是一个用人单位、一个行业、一个区域的全体人员。疾病预防控制机构的健康风险评估主要是针对后者，"单位"指社会学上的某一群体，因此，疾病预防控制机构的健康风险评估具有流行病学意义及社会公共管理意义。

健康风险评估包括五个步骤：识别健康风险、确定健康损害者以及如何引起健康损害、评价健康风险程度并决定预防措施、记录实施过程与实施结果、检查评估干预情况并持续改进。

二、职业健康风险

职业健康风险评估是在工作环境中识别工作场所中存在的有害因素，根据相关条件评估其对人体产生健康影响的可能性和危害性并进行分级，以决定控制和管理的优先顺序，从而预先采取措施对风险进行管控，最大程度防止职业病危害的发生以保护劳动者健康。其能够高效、系统地为职业卫生工作提供依据，使职业卫生专业人员能准确地判断工作场所中有害因素的风险，便于提出相应的预防与控制措施，减少职业病危害事故的发生。

现行使用的各类风险评估方法具有不同的分级和评估标准，但每种方法评估的基本流程基本相似，大致可分为确定评估对象、识别危害因素、职业卫生学调查、现场浓度检测、风险评估、制定管控措施六个步骤。确定评估对象即确定要评估的企业、岗位等；识别危害因素即通过生产资料或者现场调查确定某生产环境中可能存在的有害物；职业卫生学调查就是组织调查组前往企业进行调查，确定企业的生产工艺、原材料、工作制度、劳动人数等信息；现场浓度检测需要专业的检测技术人员携带检测仪器按照相关标准要求和研究计划检测特定工作场所中有害物的浓度；风险评估即使用风险评估模型利用已知的信息对劳动者面临的职业健康风险进行评估；制定管控措施即根据评估结果制定有针对性的措施降低风险水平从而保护劳动人员的健康。

在职业病防治实际工作中,有关职业病危害因素造成的职业健康风险（occupational health risk，OHR），根据不同的管理目的可包括职业病、工作有关疾病和工伤。

三、开展职业健康风险评估的目的与意义

经典的风险评估是识别、评价发生健康影响的可能性和严重程度，对危害防治的措施是否充分，是否需要进一步采取危害防治措施作出判断，并将危险划分出等级，以决定控制和管理的优先顺序。OHRA（职业健康风险评估）可作为OHS（职业健康和安全）其他若干行动的组成部分加以执行，如工作环境监测、职业健康监护，也可作为单独行动以获得工作场所可能涉及的所有风险的基本状况。

用人单位开展OHRA，可以达到以下目的：①建立风险意识；②识别工作场所存在的职业病危害因素及其可能导致的健康危害以及处于职业健康风险的劳动者；③评价劳动者接触职业病危害因素的程度，分析接触职业病危害的劳动者发生职业病及其他健康影响的可能性及其波及范围，使包括管理者、工作场所的所有人都能够认识工作场所存在的职业病危害；

④指导制定职业卫生服务措施；⑤以预防、管理和控制措施为目标；⑥统筹考虑各种职业健康风险，确定职业病危害风险等级、类别，并通过科学、合理的方法确定职业病危害控制和管理的优先顺序，并通过工作场所全员参与提高职业健康的感受性；⑦工作条件不断改变，如引入新机器、新技术、新材料或工作方法。可见，OHRA 的目的是使工作场所的每一个劳动者参与并知晓工作场所存在的职业病危害及其对策，尽可能在事前能够消除导致健康危害的职业病危害因素及其风险，创造安全、健康、舒适的工作场所和工作条件。

我国职业卫生实践中常见的 OHRA 主要应用在以下方面：①研判宏观职业病发病趋势、规律，为制定职业病防治政策提供科学依据；②确定容许接触浓度值，为制定（修订）国家职业卫生标准提供依据；③对新产生的职业病危害进行识别或对认为危害特征可能发生变化的职业病危害因素进行健康影响评估，提出防治对策；④对作业场所工作条件进行评估，为风险管理提供科学依据。

1. 制定职业卫生标准和职业病防治政策的需要

国家职业卫生标准是开展职业病防治工作的重要技术规范，是衡量职业病危害控制效果的技术标准，是职业病防治工作监督管理的法定依据。用人单位开展职业病防治工作，医疗卫生机构从事职业病诊断、鉴定，监督管理部门对用人单位职业病防治工作进行监督等都需要以职业卫生标准为依据。国家职业卫生标准的核心是职业接触限值（OEL），是劳动者日复一日、年复一年，在该浓度下工作终生而不会受到健康危害的容许浓度值。以保障劳动者健康为目的的容许接触浓度标准的制定，需要以职业病危害因素的毒性基准为架构，依据 OHRA 结果确定。

为了能够科学制定职业卫生标准和职业病防治政策，《中华人民共和国职业病防治法》第十二条规定，国务院卫生行政部门应当组织开展重点职业病监测和专项调查，对职业健康风险进行评估，为制定职业卫生标准和职业病防治政策提供科学依据。所谓的重点职业病监测，现阶段是指对煤工肺尘埃沉着病、硅沉着病、石棉沉着病（石棉胸膜间皮瘤及肺癌）、铅中毒、苯中毒（苯所致白血病）、噪声性耳聋、布鲁氏菌病和放射性职业病等重点职业病的监测，目的在于及时掌握职业病在高危人群、高危行业和高危企业的发病特点和发展趋势，研究重大职业病危险源的分布情况，并在 OHRA 的基础上提出风险管理对策以及职业卫生标准。

2. 职业病危害前期预防的基础和依据

职业病是在生产过程中由于过度接触职业病危害因素所致的疾病，病因明确，具有可防可控，但大多都是不可逆性的特点，造成劳动者丧失或者部分丧失劳动能力，有的甚至剥夺劳动者生命，因此，只有从源头控制职业病，消除职业病危害，才能切实改善职业卫生状况。第一级预防可以说是整个职业病防治体系中最重要的一个环节，只有在预防环节把好关，才会使职业病失去生长的土壤，才能切实保护职工的身心健康。《中华人民共和国职业病防治法》对职业病的前期预防作出了具体的规定，要求建设项目可能产生职业病危害的，建设单位在可行性论证阶段应当进行职业病危害预评价，预评价报告应当对建设项目可能产生的职业病危害因素及其对工作场所和劳动者健康的影响作出评价，确定危害类别和职业病防护措施。在竣工验收前，建设单位应当进行职业病危害控制效果评价。职业病危害预评价和职业病危害控制效果评价是建设项目职业病危害进行前期预防管理的基础和依据，OHRA 基本理论和基本方法是开展职业病危害预评价和职业病危害控制效果评价的基础。

建设项目职业病危害预评价，是在建设项目前期根据建设项目可行性研究或者初步设计阶段，运用科学的评价方法，依据法律、法规及标准，分析、预测该建设项目存在的职业病危害因素和危害程度，并提出科学、合理和可行的职业病防治技术措施和管理对策。预评价报告应当对建设项目可能产生的职业病危害因素及其对工作场所和劳动者健康的影响作出评价，确定危害类别和职业病防护措施。建设项目职业病危害预评价是用人单位对建设项目进行职业病防治管理的主要依据，在建设项目可行性论证方面起着重要作用。

建设项目职业病危害控制效果评价是建设单位在项目竣工前，对建设项目中针对存在的粉尘、放射性物质和其他有毒或有害物质等的各种职业卫生防护设施及辅助设施，应急救援设施和职业卫生管理等职业病危害控制效果进行的评价，包括建设项目及其试运行概况、建设项目生产过程中存在的职业病危害因素及危害程度评价、职业病危害防治措施实施情况及效果评价及建议等。建设项目职业病危害控制效果评价对于确保建设项目投产后职业病防护设施能够有效运行，作业场所职业卫生条件符合有关法律法规标准的要求具有重要的意义。

3. 劳动过程中职业危害防护与管理的需要

OHRA 是针对接触职业病危害因素以及可能发生的危害风险进行的评估，是职业健康管理决策程序的组成部分，成功的决策是提醒危害的存在和最大限度地减少接触。按照《中华人民共和国职业病防治法》规定，用人单位应当建立职业病危害因素监测制度，实施由专人负责的职业病危害因素日常监测，并确保监测系统处于正常运行状态。通过对作业场所职业病危害因素进行经常和定期监测，开展 OHRA，可以及时了解工作场所职业病危害因素产生、扩散、变化的规律以及健康危害程度，鉴定防护设施的效果，并为采取科学合理的防护措施提供依据。

对于工作场所各种新的作业方法，以及机械化、自动化等特点，需要制定符合其作业形式或特点的职业卫生对策，并提出新的预防控制措施和建议。当生产工艺、原材料、设备等发生改变时还需要重新进行评估，而 OHRA 可适应新技术、新工艺、新材料的广泛应用，精准识别与之伴随的对人体各种健康的影响，制定符合其作业形态或特点的职业安全卫生对策，是制定相应对策的基础。

《中华人民共和国职业病防治法》还规定，用人单位应当按照国务院安全生产监督管理部门的规定，定期对工作场所进行职业病危害因素检测、评价。职业病危害因素检测、评价，是一项具有较高技术要求和一定法律效力的活动，需要由一定基础的职业卫生技术服务机构承担，通过检测、评价，可以对作业场所职业病危害现状进行评估，为职业病防治提供科学依据及预防控制对策。其检测评价结果可以作为职业病诊断、鉴定的依据，也可以作为职业卫生监督管理部门对用人单位进行监督检查和追究法律责任的依据。

对于用人单位与职业健康管理人员，OHRA 结果可作为不同工作形式劳动者健康管理的依据。通过 OHRA，可以预防、控制和管理工作场所产生或存在的职业病危害对劳动者的健康所产生的风险；使工作场所的所有人，包括管理者都能够认识工作场所的危害并知晓防控对策，尽可能在事前消除可导致灾害的危险和危害，创造不发生灾害的、舒适的工作场所。

四、职业健康风险的发展历程

风险评估和管理理论始于1983年，由美国国家研究委员会首先提出，并将其划分为危害识别、剂量-反应评价、暴露评价和风险描述 4 个阶段，该理论最初应用于环境污染物导致机体损害方面的风险评估与管理，随后逐步推广到职业安全健康领域。在发达国家，职业安全健康风险评估与管理方面的标准、理论和技术指导得以发展，并逐步形成了比较完善的体系，先后建立了一系列风险评估方法，如美国环境保护局建立了包括致突变作用、人体健康、生殖毒性、神经毒性、生态学、化学混合物、致癌物、重金属、微生物等方面的风险评估指南或补充指南。其中，《人体健康风险评估手册（F 部分：吸入风险评估补充指南）》为工作场所吸入性职业危害因素所致健康风险评估提供了重要的技术引导。罗马尼亚根据欧洲标准（CEI 812/85、EN292/1-91、EN1050/96），颁发了《职业事故和职业病风险评估方法》。澳大利亚根据本国法律制定了《职业健康与安全风险评估管理导则》。新加坡针对化学毒物建立《有害化学物质职业暴露半定量风险评估方法》。同时一些国际组织也行动起来，例如国际采矿和金属委员会提出采矿的《职业健康风险评估操作指南》。

我国于 20 世纪 80 年代建立了有害作业分级标准，属于职业危害风险评估中有关危害和暴露分级方面的技术指标，包括劳动部和相关科研院所陆续制定的《生产性粉尘作业危害程度分级》（GB 5817—1986）、《有毒作业分级》（GB 12331—1990）、《中华人民共和国劳动部噪声作业分级》（LD 80—1995）等，总结了新中国成立以来职业安全健康工作的经验，通过科研工作者大量的现场检测、毒理实验样本分析研究而制定，是对职业危害因素进行风险评估非常适用的科学方法。《中华人民共和国职业病防治法》颁布实施后，职业危害风险评估迅速发展。2007 年颁布的 GBZ/T 196—2007《建设项目职业病危害预评价技术导则》提出将职业危害风险评估作为一种职业病危害评价的方法：按照一定的评估要求，通过对职业病危害因素的种类、理化性质、浓度（强度）、暴露方式、接触时间、接触人数、防护措施、毒理学资料、流行病学等相关资料进行分析，对发生职业病危害的风险进行评估，并采取相应防治措施消除或减轻这些风险，从而降低风险至可承受水平。但尚未形成风险性评估与管理的系统模式。

2012 年，国家安全生产监督管理总局公布了《建设项目职业病危害风险分类管理目录》，该目录按照《国民经济行业分类》（GB/T 4754—2011），将可能存在职业危害的重点行业进行分类，根据各行业建设项目存在或产生的职业病危害因素发生职业病危害的风险程度，把建设项目分为一般、较重和严重职业病危害建设项目。该管理目录的公布与实施，对推动我国职业危害风险评估和管理有着深远的意义。但该方法只是考虑到各行业固有的危害特点，不涉及职业危害风险问题。

五、职业健康风险评估的方法

1. 定性风险评估方法

目前国外主要的职业健康风险评估方法中，定性的评价方法有英国健康危害物质控制策略简易法（简称"COSHH Essentials 模型"），澳大利亚职业健康与安全风险评估管理导则（简称"澳大利亚 UQ 模型"）、罗马尼亚职业病风险评估方法（简称"罗马尼亚 MLSP 模型"）。

2. 半定量风险评估方法

目前国际主要的职业健康风险评估方法中，半定量职业健康风险评估方法主要是新加坡化学毒物职业暴露半定量风险评估方法（简称"新加坡MOM 模型"），同时该评估模型也是我国学者目前研究最多的。半定量风险评估模型针对化学物以半定量方式判断出危害等级与暴露等级，通过公式计算风险值，将风险值划分为 5 个等级，并根据不同的风险等级提出相应的管理措施。

该方法以现场调查和检测数据为依据进行半定量评估化学毒物，评价结果较为客观，且具有相似健康效应的可以计算联合暴露，但其没有考虑现场采取的防治措施对风险削减情况，也不能用于物理因素、粉尘等其他职业危害因素。

3. 定量风险评估方法

目前国际主要的职业健康风险评估方法中，定量职业健康风险评估方法主要有美国风险评估指南《人体健康风险评估手册》的 A 部分及 F 部分的吸入风险评估补充指南（简称"美国 EPA 模型"）。该模型是对吸入化学毒物进行风险评估的一种方法，可以对化学物质的致癌效应和非致癌效应进行定量评估。该风险评估模型是近年来我国应用最广泛的定量风险评估方法，目前已经在我国多个行业进行了应用，也取得了较好的效果。该评估模型考虑了多种化学毒物的联合毒性作用，评估结果依据调查、检测结果，不存在主观偏倚，但是该方法只适用经呼吸途径接触的化学毒物，且只能评估已有风险评估参数的化学物质，局限性较为明显。

4. 定性+定量风险评估方法

目前国际主要的职业健康风险评估方法中，定性+定量职业健康风险评估方法主要有国际采矿和金属委员会职业健康风险评估操作指南（简称"ICMM 模型"）。该模式主要根据危害后果、暴露概率、暴露时间、不确定性等指标计算风险水平，目前该评估方法并不仅仅局限于采矿行业，已经广泛地运用于工程项目和印刷等行业。该评估方法可以用于化学毒物、物理因素、粉尘等多种职业病危害因素的风险评估，且有定量法和矩阵法分别适用于有、无现场检测结果的场所，且两种方法对关键岗位的评估结果一致性较弱。

第三节　石油与化学工业中的主要职业危害

石油与化学工业工艺复杂、涉及面广、影响范围大，不同生产类别职业病危害因素既有共性，又有各自特点。

一、炼油生产中的主要职业危害

炼油生产中的主要职业危害如下。

（1）生产性毒物　不同生产工艺稍有差别。主要有油品（溶剂油、石脑油、汽油、煤油等），气态烃、液态烃（丙烷、丙烯、丁烷、丁烯、芳烃）等成品、半成品，催化剂、添加剂（氧化铝，铂、镍、钴、钼等金属及其化合物，氢氟酸，硫酸，甲基叔丁基醚，甲基环戊二烯三羰基锰，CS_2 等），硫化氢、二氧化硫、硫醇、硫醚、一氧化碳、氮氧化物等中间产物或排放物。其他如甲醇、甲醛、氨、有机溶剂、酸、碱等物质。

（2）噪声振动　泵、压缩机、火炬、蒸汽放空等流体、动力噪声及电磁交变噪声等。

(3) 高温、热辐射　加热炉、反应器、换热器、焚烧炉、锅炉、蒸汽管线等。
(4) 粉尘　一些催化剂在使用前后有粉尘产生。
(5) 放射性　放射性料位计、液位计的应用。

二、石油化工中的主要职业危害

石油化工中的主要职业危害如下。

① 生产性毒物：石油及天然气经炼制、裂解、有机合成等工艺，生产出乙烯、丙烯、丁烯、苯、甲苯、二甲苯、乙炔、萘等基本原料，再合成醇、醛、酮、酸、酯、腈等单体，经聚合或缩聚，加工生产成塑料、合成纤维、合成橡胶及氮肥、洗涤剂、染料、黏合剂、溶剂、助剂等产品。部分产品的基本原料见表4-1。

表4-1　部分石化产品的单体及基本原料

名 称	单 体	基本原料
聚乙烯	乙烯	乙烯
聚丙烯	丙烯	丙烯、丙醇、异丙醇
聚氯乙烯	氯乙烯	乙烯、氯、氯化氢
聚苯乙烯	苯乙烯	苯、二甲苯、乙烯
尼龙-6	己内酰胺	苯、苯酚、环己烷、甲苯
尼龙-66	己二胺、己二酸	苯、苯酚、环己烷、丙烯腈、氨、丁二烯或糠醛
涤纶	对苯二甲酸二甲酯、乙二醇	甲苯、对二甲苯、氨、乙烯、环氧乙烷、苯酐或松节油
维纶	醋酸乙烯	乙烷、乙烯、醋酸、甲醛
腈纶	丙烯腈	乙烷、氰化氢或丙烯、氨
丁苯橡胶	丁二烯、苯乙烯	丁烷、丁烯、乙醇、乙炔、乙烯、苯等
顺丁橡胶	丁二烯	丁烷、丁烯、乙醇、乙炔、乙烯等
氯丁橡胶	氯丁二烯	乙炔、氯化氢、丁二烯、氯等
丁腈橡胶	丁二烯、丙烯腈	丁烷、丁烯、乙炔、丙烯、氨、乙烯、乙醇

多数石化产品本身无毒或低毒，但基本原料、单体、溶剂、某些添加剂（助剂）、催化剂或副产品、中间产物有不同程度毒性。除表4-1所列外，另如氰化钠、氰化氢（丙烯腈生产），甲苯二异氰酸酯、环氧丙烷、光气（聚氨酯生产），氯乙烯（氯纶生产）等也有很高的毒性。

一些单体、基本原料、助剂、催化剂还有强烈刺激性，可引起灼伤等损伤，如氢氟酸（烷基苯生产）、三氯化钛及烷基铝（聚丙烯、聚苯乙烯生产等）。

② 噪声、振动、高温、粉尘、放射性物质等也是石化生产中重要的职业病危害因素，发生源与炼油生产相似。

三、石油与化学工业职业危害的主要特点

① 生产装置向大型化发展，工艺过程复杂，辅助系统庞大，产生的职业性有害因素种类和数量相应增加。

② 多数生产工艺先进、自动化程度高，正常生产时，毒物多为低浓度、长期连续作用。

③ 经常为多种有害因素同时存在。

④ 有的生产性毒物系统存量很大。如氢氟酸烷基化的氢氟酸存量一般为数十吨，烷基苯的氢氟酸存量可达数百吨；炼油生产的酸性水、酸性气中硫化氢浓度很高，其总量与处理量、原料含硫量、生产工艺有关，一般炼厂（500万t/a以上）的系统存在数量可大于临界量（50t）。

⑤ 生产中经常存在隐患部位。

⑥ 有的职业危害因素的危害较大。如列入卫生部《高毒物品目录》的有二苯胺、氨、丙烯酰胺、丙烯腈、二硫化碳、硝基苯、氟及其化合物、甲苯-2,4-二异氰酸酯（TDI）、氟化氢、汞、甲醛、磷化氢、硫化氢、氯、氯乙烯、锰化合物、铅、氰化氢、氰化物、石棉、一氧化碳等。

四、石油与化学工业职业危害造成的人体表现形式

石油石化行业职业危害因素种类多，涉及职业人群广，一旦发生职业病或职业损伤，其影响面较大。

对劳动者的健康危害主要表现如下。

1. 神经系统损害

（1）中枢神经系统损害　损害中枢神经系统的化学毒物有：硫化氢、一氧化碳、甲醇、氰化物等。急性中毒主要引起脑水肿，表现出嗜睡、错觉、幻觉、昏迷、植物状态，亦可出现精神障碍或精神病症状。有些毒物如四乙基铅、甲醇、溴甲烷、一氧化碳、氰化物等可在中毒两三周后才出现中枢神经系统损害，应高度重视这一特征。慢性中毒主要有：较长时期接触神经毒物后中毒症状进展缓慢，隐蔽，逐渐出现智力障碍、精神病及血管性痴呆等症状。中枢神经系统损害经过积极治疗、脱离接触后多数逐渐恢复正常，但部分可遗留程度不同的后遗症。

（2）周围神经系统损害　损害周围神经系统的化学毒物主要有：砷、铅、铊等金属类，二硫化碳、正己烷、汽油、乙醇等有机溶剂及一氧化碳、氯丙烯、丙烯酰胺等。另外，局部振动、低温等物理因素也可引起周围神经系统损害。主要表现为：肢端麻木，前臂、小腿隐痛，感觉减退或消失，肢体远端无力，行走不便等。经脱离接触和有效治疗可逐渐恢复正常，少数难以恢复。

2. 呼吸系统损害

职业有害因素对呼吸系统的作用主要表现为直接损害呼吸器官和通过呼吸系统侵入人体造成全身损害——此亦是有毒化学物侵入人体最主要的途径。

（1）直接损害呼吸系统

① 急性损害：短期内吸入较大量的刺激性气体、刺激性金属等有毒物质，可引起支气管炎、中毒性肺炎、肺水肿及职业性哮喘等病症。常见的毒物有：氯气、二氧化硫、苯酚、氨、氟化氢、各种酸性气体及聚四氟乙烯裂解气等。在吸入有毒化学物后，损害一般立即产生，但部分毒物可经1～2天或更长时间的潜伏期后发生损害。抢救时应高度重视此特征，否则将延误救治，危及劳动者生命健康。

② 慢性损害：长期吸入较低浓度的有毒化学物或粉尘可引起慢性职业性呼吸道炎症、肺部肿瘤、胸膜肿瘤及慢性纤维化肺病（如硅沉着病）等。慢性纤维化肺病主要危害因素为

粉尘、硅酸盐、金属粉尘、某些有毒化学物等，其发病隐匿，呼吸困难、咳嗽呈逐渐加重趋势，愈后较差。石棉、焦油、氯甲醚等可致肺癌及胸膜间皮细胞瘤等。

（2）全身损害　某些有毒物质通过呼吸道病变，引起全身损害。如：一氧化碳、氰化氢、硫化氢可通过呼吸道侵入机体，造成细胞窒息，严重者可引起"闪电样"死亡。四乙基铅、苯等有毒化学物通过呼吸道侵入机体，可引起严重的精神症状、神经系统症状及血液系统病变等。

3. 造血系统损害

职业性危害因素损害骨髓等造血组织，引起造血抑制、血细胞损害或癌变等血液系统疾病。常见的病变有：再生障碍性贫血、溶血性贫血及骨髓增生异常综合征（如白血病）等。引发此类疾病的职业病危害因素主要有：苯、三硝基甲苯、四氯化碳等有毒化学物以及 X 射线、γ射线、中子流及放射性核素。其中，若短期内接触高浓度苯或数月内接触大剂量放射线，1~4 周内可引起致命性的急性再生障碍性贫血。职业性造血系统损害一般愈后较差。引起白细胞减少症的有害因素除苯和放射线外，尚有烃类化合物、石油产品等，应根据其发生机制来治疗。

4. 消化系统损害

有毒化学物和高温、射线等物理性危害因素均可引起消化系统损害，其中以中毒性肝病最为严重。主要表现有：经常接触酸雾的慢性中毒者可出现牙酸蚀症、口腔炎等；吞食强酸、强碱等腐蚀性物质可引起急性腐蚀性食管炎、胃炎；接触较大剂量的四氯化碳、二甲基甲酰胺、苯胺、二（或三、四）氯乙烷、氯乙烯、硝基苯等化学物可引起急慢性肝病，愈后不良。

5. 其他系统损害

职业危害因素对健康的损害除上述以外还可有泌尿系统、生殖系统、免疫系统的损害。如过量接触氯仿、四氯化碳、四氯乙烯、汽油、环己烷、酚以及部分重金属等有毒化学物可引起中毒性肾病；过量接触多氯联苯、多环芳烃类、苯乙烯、氯乙烯、氯仿、苯、二硫化碳等有毒化学物可引起免疫抑制、变态反应、自身免疫反应等免疫系统疾病。

第四节　职业性病损

职业性有害因素所致的各种职业性损害称职业性病损，包括工伤、职业病、工作有关疾病。

一、职业病

《中华人民共和国职业病防治法》所称职业病，是指用人单位的劳动者在职业活动中，因接触粉尘、放射性物质和其他有毒、有害物质而引起的疾病。2013 年 12 月 23 日，国家卫生计生委、人力资源社会保障部、安全监管总局、全国总工会 4 部门联合印发《职业病分类和目录》，目前法定职业病共 10 类 132 种。

1. 法定职业病必须具备的四个条件

① 患者主体必须是企业、事业单位或者个体经济组织的劳动者；
② 必须是在从事职业活动的过程中产生的；
③ 必须是因接触粉尘、放射性物质和其他有毒、有害物质等职业病危害因素而引起的，其中放射性物质是指放射性同位素或放射线装置发出的 X 射线、β 射线、γ 射线、中子射线等电离辐射；
④ 必须是国家公布的《职业病分类和目录》所列的职业病。

2. 职业病的特点

① 职业病由职业病危害因素引起。病因明确，职业性有害因素和职业病之间有明确的因果关系，病因和临床表现均有特异性；
② 所接触的病因是可以检测和识别的，且需要达到一定的强度，才能使接触者致病；在一定范围内，关键要看接触水平（浓度或强度×接触时间）大小，只有达到一定的量才会产生危害表现，在控制病因或作用条件后，可以消除或减少发病；
③ 在接触同样因素的人群中常有一定的发病率，只出现个别病人的情况很少；在不同人群中职业病的发病率虽说因个体易感性差异有所不同，但如不予以控制，均可达相当高的水平，因而做好人群的预防工作更重要；
④ 早期发现，早期诊断，合理处理，则易康复，预后良好；发现越晚，治疗效果越差，有些职业病目前只能对症处理，不能完全康复。除职业性传染病外，治疗个体无助于控制人群发病，故应着重做好人群的预防工作。

职业病不仅仅是一个疾病问题，也是一个经济问题，不采取有效措施，必将成为严重社会问题。

二、疑似职业病

1. 疑似职业病的含义

有下列情况之一者，可视为疑似职业病病人：
① 劳动者所患疾病或健康损害表现与其所接触的职业病危害因素的关系不能排除的；
② 在同一工作环境中，同时或短期内发生两例或两例以上健康损害表现相同或相似病例，病因不明确，又不能以常见病、传染病、地方病等群体性疾病解释的；
③ 同一工作环境中已发现职业病病人，其他劳动者出现相似健康损害表现的；
④ 职业健康检查机构、职业病诊断机构依据职业诊断标准，认为需要做进一步的检查、医学观察或诊断性治疗以明确诊断的；
⑤ 劳动者已出现职业病危害因素造成的健康损害表现，但未达到职业病诊断标准规定的诊断条件，而健康损害还可能继续发展的。

2. 疑似职业病病人的诊断与医疗卫生机构的告知义务

掌握完整、真实的资料是明确诊断或作出正确诊断的基础。从事职业病诊断的医疗卫生机构在发现疑似职业病病人时，为明确诊断，应采取以下措施：

① 进一步明确职业接触史，从中获得可能与发病有关的职业接触史线索；
② 进行工作场所职业流行病学调查，分析病人临床表现与工作环境的关系；
③ 住院观察。
a. 从体检中取得线索，在诊断不明情况下，作全身详细检查，从中发现线索；
b. 从实验室检查取得线索，进一步获得相关数据。

在为明确诊断而获得上述进一步的相关数据后，在作好疾病鉴别诊断的基础上，综合分析判断职业病危害因素与疾病的因果关系，以确定诊断。

医疗卫生机构发现疑似职业病病人时，应及时告知劳动者本人及用人单位，不得拖延，保证疑似职业病病人得到及时救治。

三、工作有关疾病

工作有关疾病，与职业病有所区别。广义讲，职业病是指与工作有关，并直接与职业病危害因素有因果联系的疾病；而工作有关疾病则具有三层含义：
① 职业因素是该病发生和发展的诸多因素之一，但不是唯一的直接病因；
② 职业因素影响了健康，从而促使潜在的疾病显露或加重已有疾病的病情；
③ 通过改善工作条件，可使所患疾病得到控制或缓解。

常见的工作有关疾病有矿工的消化性溃疡、建筑工的肌肉骨骼疾病（如腰背痛）以及工作中精神过度紧张导致的心脑血管疾病和精神损害等。

四、职业性外伤

在生产劳动过程中发生的外伤称为职业性外伤，和非职业性外伤一样，常需有关的临床外科处理，且诊断和治疗方法相同。其工伤性质、程度的确定以及患者的致残等鉴定和劳动保险待遇有关，许多国家都将一些职业性外伤列为需经济补偿的工伤。

五、危害的作用条件

职业病危害因素是引发职业性病损的病原性因素，但这些因素是否一定使接触者（机体）产生职业性病损，取决于若干作用条件。只有当有害因素、作用条件和接触者个体特征三者联系在一起，符合一般疾病的致病模式，才能造成职业性病损。

作用条件包括：
① 接触机会，如生产工艺过程中，经常接触某些有毒有害因素。
② 接触方式，经呼吸道、皮肤或其他途径可进入人体或由于意外事故造成病伤。
③ 接触时间，每天或一生中累计接触的总时间。
④ 接触强度，指接触浓度或水平。

后两个条件是决定机体接受危害剂量的主要因素，常用接触水平表示，与实际接受量有所区别。

此外，在同一作业条件下，不同个体发生职业性病损的机会和程度也有一定的差别，这与以下因素有关：
① 遗传因素，如患有某些遗传性疾病或存在遗传缺陷（变异）的人，容易受某些有害因素的作用。
② 年龄和性别差异，包括妇女从事接触对胎儿、乳儿有影响的工作，以及未成年和老

年工人对某些有害因素作用的易感性。

③ 营养不良，如不合理膳食结构，可致机体抵抗力降低。

④ 其他疾病，如患有皮肤病，降低皮肤防护能力；肝病影响对毒物解毒功能等。

⑤ 文化水平和生活方式，如缺乏卫生及自我保健意识，以及吸烟、酗酒、缺乏体育锻炼、过度精神紧张等，均能增加职业病危害因素的致病机会和程度。

这些因素统称个体危险因素，存在这些因素者对职业性有害因素较易感，故称易感者或高危人群。

⑥ 劳动条件和职业卫生服务状况，对工作场所有害因素定期监测，对职业人群进行健康监护均有助于预防和早期发现职业性损害。

充分识别和评价各种职业病危害因素及其作用条件，以及个体特征，并针对三者之间的内在联系，采取措施，阻断其"因果链"，才能预防职业性病损的发生。

第五节 职业禁忌证

一、职业禁忌

《中华人民共和国职业病防治法》中第七章第八十五条指出了职业禁忌用语的含义。

职业禁忌，是指劳动者从事特定职业或者接触特定职业病危害因素时，比一般职业人群更易于遭受职业病危害和罹患职业病或者可能导致原有自身疾病病情加重，或者在从事作业过程中诱发可能导致对他人生命健康构成危险的疾病的个人特殊生理或者病理状态。以下用病例的方式来解读职业禁忌用语的含义，使劳动者（从业人员）了解。

【例1】某化工厂，生产黏合剂时要加入一种化学物质，甲苯二异氰酸酯（TDI），一女工对TDI是过敏的，一闻到该物质气味就会引发哮喘，经下厂调查，该女工以往无哮喘史，所以发生哮喘与接触该物质有因果关系。经与厂劳动安全部门协调，把该工人调离了该岗位，去门卫室工作，哮喘就此不再发作。然而好景不长，因一年四季风向有变化，当门卫室处于生产黏合剂车间下风向时，该女工又会因为闻到这种气味而促发哮喘。最后，经再次协商把该女工调离该工厂，彻底脱离接触该物质，哮喘就不发作了。

【例2】某染料化工厂一女工，小时候有哮喘病史，经治疗后不发病了，认为是"断根"了。后分配到该染料厂当操作工，接触到氯气后就促发了原来潜在的"哮喘"，此后发作次数明显增多，经治疗后病好了，但该女工不能再接触氯气了。

此例说明该女工原有哮喘的病根，虽然长时间不发作，认为痊愈了，但当接触到刺激性气体（氯气）后就促发了原来潜在的疾病。

【例3】化工行业招工时往往要进行就业前体检，且要根据该厂的作业毒物进行针对性体检。某总厂要招一线工人从事接触苯的岗位，此时查外周血白细胞、红细胞、血小板是必检项目。一位男性应聘者，查血白细胞在 $6.5\times10^9L^{-1}$ ［正常范围（4.0～10.0）$\times10^9L^{-1}$］，当然这位应聘者被录取了。工作一年左右后，该工人出现头晕、乏力、失眠等神经衰弱症状，其失眠症状更明显，因睡眠不好，精神也差，疲倦乏力。后到我院复查，发现外周血白细胞为 $3.6\times10^9L^{-1}$，这就提示该工人白细胞下降是与接触苯有关。根据职业性苯中毒诊断标准及处理原则，诊断为观察对象。经下厂调查建议：该工人调离接触苯的工作岗位，进行动态观察一段时间（3~6个月），后该工人复查外周血白细胞上升至 $4.5×10^9L^{-1}$，这就更说明了该工人的白细胞下降与接触苯有因果关系。该例说明了就业前体检的重要性，筛选出不该接触某种化学物质的禁忌，这是职业病防治工作中的重要环节，也是对劳动者最好的保护。

二、常见职业禁忌证

1. 噪声

（1）职业禁忌证

① 各种原因引起永久性感音神经听力损失（500Hz、1000Hz 和 2000Hz 中任一频率的纯音气导听阈＞25dB）；

② 高频段 3000Hz、4000Hz、6000Hz 双耳平均听阈≥40dB；

③ 任一耳传导性耳聋、平均语频听力损失≥41dB。

（2）可导致的职业病　职业性噪声性聋。

2. 高温

（1）职业禁忌证

① 未控制的高血压；

② 慢性肾炎；

③ 未控制的甲状腺功能亢进症；

④ 未控制的糖尿病；

⑤ 全身瘢痕面积≥20%以上（工伤标准的八级）；

⑥ 癫痫。

（2）可导致的职业病　中暑。

3. 一氧化碳

（1）职业禁忌证　中枢神经系统器质性疾病。

（2）可导致的职业病　一氧化碳中毒。

4. 煤尘

（1）职业禁忌证　活动性肺结核病、慢性阻塞性肺病、慢性间质性肺病、伴肺功能损害的疾病。

（2）可导致的职业病　煤工肺尘埃沉着病。

5. 次氯酸钠（漂白水）

（1）职业禁忌证　严重性皮肤疾患。

（2）可导致的职业病　多发性周围神经病。

6. 氨

（1）职业禁忌证　慢性阻塞性肺病。

（2）可导致的职业病　支气管哮喘、慢性间质性肺病、支气管扩张。

第六节　职业病防护设施

职业危害因素的控制是"三级预防"中的第一级预防，旨在从根本上消除和控制职业病危害的发生，达到"本质安全"的目的，因此必须采取各种有效措施，保证目标的实现。

职业危害因素的控制应采取综合措施如下：

① 首先要依靠立法管理，严格执行《职业病防治法》和国家、地方、集团公司颁布的有关法规条例，根据企业情况制定制度和管理规程，实行监督管理，以保证控制措施的建立和实施。

② 在新、改、扩建和技术引进、技术改造的建设项目中，必须将控制职业危害因素的措施列入规划，与主体工程同时设计、施工、投产使用（三同时）。

③ 采取有效的工艺技术措施，将有害因素尽可能消除和控制在工艺流程和生产设备中，做到清洁生产。

④ 对目前技术和经济条件尚不能完全控制的职业危害，要采取有针对性的卫生保健和个人防护措施，制定各项安全操作规程和职业安全卫生管理制度，加强安全卫生教育。

⑤ 生产中使用的有毒原辅材料，应按照规定申报、登记、注册，详细记录该物质的标识、理化性质、毒性、危害、防护措施、急救预案等。

⑥ 生产过程中的职业危害和防护要求应告知接触者，提高自身保护能力。

⑦ 为劳动者创造安全舒适的作业环境，减少心理紧张和生理损害。

企业应当优先采用有利于防止职业危害和保护从业人员健康的新技术、新工艺、新材料、新设备，逐步替代职业危害严重的技术、工艺、材料、设备。

一、通风防护

根据通风的区域范围分局部通风和全面通风；根据通风动力的不同，通风系统可分为机械通风和自然通风。

局部通风分局部排风和局部送风两种。防止生产过程中有害物质扩散、污染工作场所的最有效方法是在有害物质产生地点直接把他们捕集起来，经过净化处理，排至室外，这种通风方法称为局部排风，局部排风系统需要的风量小，效果好，设计时应优先考虑。

《工业企业设计卫生标准》（GBZ 1—2010）中对通风做了以下规定。

① 自然通风应有足够的进风面积。

② 工作场所每名工人所占容积小于 $20m^3$ 的车间，应保证每人每小时不少于 $30m^3$ 的新鲜空气量；如所占容积为 $20\sim40m^3$ 时，应保证每人每小时不小于 $20m^3$ 的新鲜空气量；所占容积超过 $40m^3$ 时允许由门窗渗入的空气来换气。采用空气调节的车间，应保证每人每小时不少于 $30m^3$ 的新鲜空气量。

③ 经常有人来往的通道（地道、通廊），应有自然通风或机械通风，并不得敷设有毒液体或有毒气体的管道。

④ 露天作业的工艺设备，亦应采取有效的卫生防护措施，使工作地点有害物质的浓度

符合本标准的要求。

⑤ 机械通风装置的进风口位置,应设于室外空气比较洁净的地方。相邻工作场所的进气和排气装置,应合理布置,避免气流短路。

⑥ 当机械通风系统采用部分循环空气时,送入工作场所空气中有害气体、蒸汽及粉尘的含量,不应超过规定接触限值的30%。

⑦ 空气中含有病原体、恶臭物质(例如毛类、破烂布分选、熬胶等)及有害物质浓度可能突然增高的工作场所,不得采用循环空气作热风采暖和空气调节。

⑧ 供给工作场所的空气,一般直接送至工作地点。产生粉尘而不放散有害气体或放散有害气体而又无大量余热的工作场所、有局部排气装置的工作地点,可由车间上部送入空气。

二、防尘设备

防尘设施包括吸尘罩、风道、除尘器、风机及排气管在内的通风除尘系统。

(1)吸尘罩 在不妨碍操作的前提下,吸尘罩尽可能地把尘源密闭起来,位置越靠近尘源越好。吸尘罩的布置应尽量使吸尘方向和粉尘本身的运动轨迹相结合,即吸尘罩口迎着粉尘散发方向,因势利导。吸风量的大小要足以维持设备密闭罩内必要的负压或在需要控制粉尘的地点进行必要的控制风速。吸风量过小,不能控制粉尘飞扬,过大会造成动力消耗的浪费。吸尘罩的安装要不妨碍设备的正常检修,罩子应有足够的强度,避免在经常检修拆卸的情况下变形。

(2)风道 风道应采用圆形的,一般用钢板制作,内表面必须光滑和严密。风道不要水平铺设,风道与水平面的夹角最好不小于45°;风道弯头的曲率半径不应小于直径的两倍,三通支线的角度应不大于30°;风道系统中吸尘点不宜过多,一般不超过5~6个;风道中应保持一定的携带风速,以防止粉尘在风道中沉降。

(3)除尘器 要根据尘源产生的粉尘的特性、含尘空气的温度、含湿量、粉尘浓度以及所要求的空气净化程度等因素来选择不同原理的除尘器,常用的除尘器见表4-2。

表 4-2 常用除尘器的原理、结构、性能和优缺点

除尘器名称	原理和结构	性能和优缺点
落尘室	含尘空气中尘粒因重力作用自然沉降	分离>100μm的粗尘粒。可用砖砌,施工容易,管理方便。室长越大,除尘效果越好,因而占地面积较大
旋风除尘器	含尘空气中尘粒因离心作用而下降	对于数十微米以上的粉尘,它的平均除尘效果为80%左右,阻力为60~80mm水柱(1mm水柱=9.80665Pa)
扩散式旋风除尘器	同旋风除尘器。特点是用上小下大的扩散锥体代替普通旋风除尘器的锥体,内设有反射屏	小于50μm粉尘除尘效果为85%~90%;助力较大,入口速度14~20m/s。阻力为80~167毫米水柱
简易袋式除尘器	含尘空气通过纤维滤料,尘粒被分离捕集	除尘效率达99%,阻力60~80毫米水柱;不适宜收集高温气体中的尘粒,占地面积大
脉冲袋式除尘器	同简易袋式除尘器,带有脉冲吹气清灰装置	除尘效率99%以上,阻力80~120毫米水柱
冲击式水浴除尘器	含尘空气与液滴、液膜、气泡充分接触,尘粒被分离	适于亲水柱和粒径较大粉尘,除尘效率90%,阻力80~100毫米水柱,污泥和污水的处理需加强维护管理
电除尘器	利用高电压下的气体电离和电场作用力使尘粒从含尘空气中分离出来	除尘效率99%以上,能捕集微小粉尘,阻力10~20毫米水柱,适用于较大范围的粉尘进口浓度,成本较高

三、化学毒物的防护设施

通风排毒和净化回收生产过程密闭后,仍然会有毒物逸出,跑、冒、滴、漏难以绝对避免,使用局部通风就地排除毒物,可有效控制毒物散发。在毒物发生源具有足够热量(炉子

和反应锅）的情况下，采用局部通风方式进行排毒，一般均需采用局部吸出式机械通风，它包括排毒装置、通风管、风机和净化回收装置。气态和烟雾态毒物的排毒装置常有以下几种形式。

1. 排毒装置

（1）伞形吸气罩　罩呈伞形，是一种最简易的吸气罩，置于毒物发生源的上方。安装应力求接近毒物发生源，在操作许可的条件下，尽可能加设围栏，提高排气效果。伞形罩的开口角度应以小于60°，大于45°为宜，以保证罩口风速均匀分布。实践证明，伞形罩罩口设置垂直裙边可提高排气效果。

（2）矩形吸气罩　矩形吸气罩是一种排毒效果较好的排毒装置，毒物发生源置于柜内，四周除留必要的操作口或可开启的观察窗外，几乎完全密闭。如对于产生铅烟的设备，最好安装矩形吸气罩，为保证排气效果，要求敞开的操作口有一定的风速（控制风速），一般在0.5～1.5m/s 范围内选取。

（3）旁侧吸气罩　某些生产过程中，如盛装液体化学物的槽池、铸造浇注等作业，在毒物发生源的上方不便于安装吸气罩，则可改用旁侧吸气罩。

（4）下部吸气罩　有时根据操作特点，如刷胶及蓄电池极板加工等，可安装下部吸气罩。下部吸气罩吸气口设在工作台的下部，工作台台面由格栅构成。使用风机吸风后，在栅格上部形成一定的控制风速，使有毒气体通过格栅从下部排出。为了使台面处风速分布均匀，可将吸气口做成伞形或调节格栅的有效通风面积。

（5）槽边吸气罩　专门用于各种工业槽（如电镀槽、酸洗槽等）的一种局部吸风装置。有单侧和双侧吸气两种，它是利用安装在槽子边沿一侧或两侧的条缝吸气口，在槽面上造成一定的横向气流，把槽内散发的有毒气体或蒸汽吸走。

2. 净化回收装置

空气中有毒物质的净化回收毒物性质不同，方法也不同。雾、烟、尘等气溶胶属固体或液体的分散质点，可采用过滤净化、重力沉降、电场沉降、洗涤净化及碰撞挡雾等机械方法使其和空气分离，得到净化回收。上述方法除碰撞挡雾外，其作用原理一般与各种除尘器相似。若有毒气体或蒸汽与空气是以分子状态混合的，不能用机械方法分离，则只能利用其不同溶解度、不同蒸气压、不同化学反应以及选择性吸附作用进行分离。

四、噪声、振动控制防护设施

噪声、振动控制的基本方法有吸声、消声、隔声、隔振、阻尼五种常用的控制技术。

① 吸声。利用吸声材料和吸声结构来吸收声能从而达到控制噪声的目的。如在各类阻性消声器、阻抗复合式消声器中，使用吸声材料或吸声结构构成消声通道以吸收声能，在车间厂房壁面天花板采用吸声材料或吸声结构；在空间悬挂吸声体或设置吸声屏，以减弱反射声而使噪声降低。

② 消声。消声器是控制空气动力性噪声的主要方法，它是阻止声音传播而使气流通过的装置，其形式很多，主要有阻性消声器、抗性消声器以及阻抗复合消声器和微穿孔板消声器。

③ 隔声。隔声是把发声的物体封闭在一个小的空间中，使之与周围环境隔绝。常用的

隔声设备有隔声罩和隔声间。

④ 隔振。隔振是在机组下装置隔振器,使振动不至于传递到其他结构体而辐射噪声。

⑤ 阻尼。阻尼是用专门配制的阻尼材料涂在噪声、振动辐射体的表面,以增加能量的耗损。常用的阻尼材料成分有粉合剂氯丁橡胶、辅助添加剂酚醛树脂、填料二硫化钼、石棉绒硅石粉、碳酸钙、磷酸三苯酯和溶剂等。

局部振动控制一般采取个人防护。

五、射频辐射的防护设施

1. 设备屏蔽

屏蔽的目的在于防止射频电磁场的影响,使辐射强度被抑制在标准允许范围之内。所谓屏蔽就是采取一切技术手段,将电磁场辐射的作用与影响限制在指定的范围之内。电磁屏蔽主要目的是抑制交变电磁能的辐射、干扰。屏蔽可分为以下两大类。

(1)主动场屏蔽 将电磁场的作用限定在某个范围之内,使其不对限定场之外的生物体或仪器设备发生影响,这种屏蔽方法称为主动场屏蔽。主动场屏蔽的目的就是将场源置于屏蔽之内,主要防止场源对外的影响,其特点是场源与屏蔽体间距小,所要屏蔽的电磁辐射强,屏蔽体结构设计严谨,同时要采取符合技术要求的接地处理。

(2)被动场屏蔽 在某指定的空间范围内,使其不对范围之内的空间构成干扰和污染。也就是说外部场源不对范围之内的生物体或仪器设备发生影响,这种屏蔽方法称为被动场屏蔽。被动场屏蔽的目的是将场源置于屏蔽体之外,屏蔽体用来防止外部场对内部的影响。其特点是屏蔽体与场源间距很大,屏蔽体本身可不接地。

2. 屏蔽材料

屏蔽高频电磁场应选用铜、铝和铁等良导体,以得到最大的反射损耗。

屏蔽低频电磁场应选用铁和镍等磁性金属材料,以得到最大的贯穿损耗。

采用薄膜屏蔽层时,材料的厚度小于波长的四分之一,屏蔽效果恒定;超过此厚度时则屏蔽效果显著增大。

3. 设备要有良好的接地

射频防护接地的好坏,直接关系到防护效果的好坏。接地要求主要是对高频而言,对微波就不一定要求接地。接地目的是将屏蔽体内由于感应产生的射频电流迅速导入大地,以使屏蔽体本身不再成为射频二次辐射源,从而达到屏蔽作用的最佳效果。这里必须强调一点,就是射频接地与普通电器设备接地不同,二者不能互为代替,由于射频电流(特别是高频电流)的趋肤效应,所以要求接地电线的表面要大,以宽为10cm的铜带为佳。要求接地线在可能的条件下最短,同时要就近设置地极;接地极一般设在接地井内。接地极目前有两种形式,一种是选用多股短、粗的铜线或铜条,另一种就是选用一定面积的铜板。它的有效面积比第一种大,泄流快。

4. 设备泄漏程度的控制

射频设备的生产制造单位,在产品的设计制造过程中,均需对电磁泄漏采取行之有效的抑制技术，以保证所生产的设备电泄漏场强被控制在规定值之内。如采用扼流门、抑制器、1/2 波长滤波器；在微波加热器的进出口，使用微波吸收材料制成的缓冲器或金属挂帘；磁控管外加屏蔽罩，大功率微波设备需设有安全联锁监护装置；以及必须在观察孔上进行屏蔽处理，一般在窗口上使用金属网或镀有导电材料（如银铜等）的玻璃。

5. 微波警告牌

在安全值超过国家规定的微波发生源及入口处，一定要悬挂"当心微波"的警告牌，以提醒人们注意，防止微波伤人。警告牌每半年至少检查一次，如发现变形、损坏或变色，应及时更换。

六、电离辐射设施

外照射源根据需要和有关标准规定，设置永久性或临时性屏蔽，采用迷宫设计，设置监测、预警、报警装置和其他安全装置，高千伏 X 射线照射室内应设紧急事故开关。

在可能发生空气污染的区域，例如操作放射性物质的工作箱、手套箱、通风柜等，必须设有全面通风或局部送风、排风装置，其换气次数、负压大小和气流组织应以能防止污染的回流和扩散为主。工作人员进入辐射工作场所时，必须根据需要穿戴相应的个人防护用品，佩戴相应的个人剂量计。

开放性放射源工作场所入口处，一般应设置更衣室、淋浴室和污染检测装置。应有完善的监测系统和特殊需要的卫生设施，如污染洗涤、冲洗设施和消洗急救室等。

七、职业卫生防护设施与管理

1. 购置防护设施要求

用人单位在购置定型的防护设施产品时，产品应当符合下列内容：
① 产品名称、型号。
② 生产企业名称及地址。
③ 合格证和使用说明书，使用说明书应当同时载明防护性能、适应对象、使用方法及注意事项。
④ 检测单位应当具有职业卫生技术服务资质，检测的内容应当有检测依据及对某种职业病危害因素控制的效果结论。用人单位不得使用没有生产企业、产品名称、职业卫生技术服务机构检测报告的防护设施产品。

2. 防护设施效果检测

用人单位自行或委托有关单位对存在职业病危害因素的工作场所设计和安装非定型的防护设施项目的，防护设施在投入使用前应当经具备相应资质的职业卫生技术服务机构检测、评价和鉴定。

未经检测或者检测不符合国家卫生标准和卫生要求的防护设施不得使用。

3. 防护设施的管理和维护

（1）防护设施的管理　用人单位应当建立防护设施管理责任制，并采取下列管理措施：

① 设置防护设施管理机构或者组织，配备专（兼）职防护设施管理员；
② 制订并实施防护设施管理规章制度；
③ 制订定期对防护设施的运行和防护效果检查制度。

（2）建立防护设施技术档案　用人单位对防护设施应当建立防护设施技术档案管理：
① 防护设施的技术文件（设计方案、技术图纸、各种技术参数等）；
② 防护设施检测、评价和鉴定资料；
③ 防护设施的操作规程和管理制度；
④ 使用、检查和日常维修保养记录；
⑤ 职业卫生技术服务机构评价报告。

（3）防护设施的日常维护　用人单位应当对防护设施进行定期或不定期检查、维修、保养，保证防护设施正常运转，每年应当对防护设施的效果进行综合性检测。评定防护设施对职业病危害因素控制的效果。

用人单位不得擅自拆除或停用防护设施。如因检修需要拆除的，应当采取临时防护措施，并向劳动者配发防护用品，检修后及时恢复原状。经工艺改革已消除了职业病危害因素而需拆除防护设施的，应当经所在地同级卫生行政部门确认，并在职业病防治档案中做好记录。

本章小结

掌握企业中的职业病危害因素：包含生产过程中产生、劳动过程中产生以及生产环境具有的。通过定性、定量、半定量等方法做好职业健康风险评估，避免各类职业性病损，关注职业禁忌证，维护好职业病防护设施。

/ 拓展阅读

志明被查出疑似职业性正己烷中毒，应该怎么办？

志明在技工学校完成了学业，怀着激动的心情南下到广东寻找合适的工作。大城市里五光十色，志明在人才市场转来转去，发现合适的工作还不少。经过几轮面试，志明被一家五金电子厂录用了。这家电子厂主要生产五金电子元件，志明负责用白电油给产品作清洗去污。

虽然工作辛苦，但工资较高，为了赚更多的钱，勤奋的志明就连周末都加班到深夜。可是渐渐地，志明常常感到四肢无力、麻木，手脚湿冷。更糟糕的是，志明还出现了手腕轻度下垂、无法提重物等情况，连湿毛巾都拧不干，上楼也特费劲。于是，志明到医院检查。

在医院，志明接受了全面的检查，医生通过询问职业史，发现志明从事接触白电油的工作已经快2年了。医生高度怀疑是正己烷中毒，建议他到具备职业诊断资质的机构做进一步检查。于是，志明来到了职业病诊断机构进行职业病咨询。在职业病专家的建议下，志明做了详细的职业健康检查，初步结果为疑似职业性慢性正己烷中毒。志明想到厂里有几个同事也有类似的症状，就向专家进行了详细咨询。

志明：得了正己烷中毒有什么表现？

专家：正己烷中毒以慢性中毒为主。
慢性中毒主要是周围神经损害，其临床经过缓慢隐匿：肢体远端麻木、疼痛、下肢沉重感，可伴手掌和足底多汗湿冷，手足麻木、触电样、蚁走样感觉。
职业性慢性正己烷中毒有个特点，就是常常呈集体发病、多数为同班组工人；潜伏期一般数月，最短1个月，多则2~10个月；约1/4病例脱离接触3个月内可继续加重，病程长和恢复缓慢。

志明：我们同班组的确有几位同事出现相似症状，也常常说四肢无力、麻木、手脚湿冷，他们是不是也要来做个检查？

专家：如果使用白电油等溶剂并有四肢无力、麻木、湿冷、垂腕、无法提重物、湿毛巾拧不干、肌力减退、上楼费力、行走困难、无法站立、足下垂、肌肉萎缩等临床表现，则应到具备职业健康检查资质的机构进行职业健康检查，以进一步判断是否疑似职业性正己烷中毒。

志明：现在检查结果为疑似职业性慢性正己烷中毒，我该怎么办？

专家：首先，作为疑似职业性正己烷中毒的劳动者，你在诊断、医学观察期间的费用，该由用人单位承担；用人单位应当及时安排对疑似职业病病人进行诊断；在疑似职业病病人诊断或者医学观察期间，不得解除或者终止与其订立的劳动合同；应当调离原岗位，并妥善安置等等。
劳动者可携带相关资料到用人单位所在地、本人户籍所在地或者经常居住地依法承担职业病诊断的医疗卫生机构进行职业病诊断。

志明：进行职业性正己烷中毒诊断，我要准备什么材料？

专家：你要准备以下材料：
①证明健康损害的证据材料。例如：职业健康体检结果、病历、医学检验、检查结果、疾病诊断证明书等医学文书。
②证明劳动关系证据材料。例如：用人单位证明、劳动合同、劳动关系仲裁裁决书或法院判决书等可以证明劳动关系的证据材料。
③提出诊断的劳动者的身份证复印件。委托代理人代为办理的，应同时提交委托书和代理人身份证复印件。
④工作场所职业病危害因素检测结果。
⑤当事人持有的其他有关证据材料。

思考题

1. 职业卫生实践的三个要素是什么？
2. 生产环境的有害因素有哪些？
3. 职业健康风险评估的方法有哪些？
4. 常见职业禁忌证，你知道多少？

第五章 职业病监测、预防与应急

第一节 工作场所职业危害因素监测

一、职业危害因素监测的意义

职业危害因素监测是指对企业的工作场所中存在的各类职业危害因素进行系统的、全面的测定，以了解生产环境在不同条件下有害因素浓度（强度）变化，为危害识别、评价、控制提供科学依据，是企业职业卫生工作的一项经常性任务，也是了解生产环境卫生质量，检查国家和集团公司法规、规章执行情况的重要依据。

《职业病防治法》明确要求"用人单位应当实施由专人负责的职业病危害因素日常监测，并确保监测系统处于正常运行状态。用人单位应当按照国务院卫生行政部门的规定，定期对工作场所进行职业病危害因素检测、评价。检测、评价结果存入用人单位职业卫生档案，定期向所在地卫生行政部门报告并向劳动者公布。"石油化工类企业工作场所涉及的危害因素种类繁多，因此依法建立有效的监测体系、开展日常监测，是贯彻《职业病防治法》，为职工提供符合职业健康要求的工作场所的基本措施之一。

职业危害因素监测、评价结果是企业职业卫生工作质量评价的重要法律依据，是职业病诊断的重要证据。因此，各类化工企业须严格遵循国家法律、法规及技术标准并进行本企业的职业危害因素的监测、评估。

通过职业危害因素监测、评价，可系统掌握企业工作场所中危害因素的浓度（强度）、时间及空间分布情况，探索职业病发病的剂量-效应关系，为企业职业卫生工作决策提供科学依据。

企业职业危害因素监测是用人单位按照《职业病防治法》要求履行的法律义务之一。应遵循法律规定执行实施：

① 实施职业病危害因素监测的机构应取得市级以上卫生行政部门的资质认证。
② 严格执行国家有关职业病危害因素检测的技术规范和标准。
③ 检测的结果、评价应及时告知劳动者，并按规定上报有关部门。
④ 检测结果、评价依法存档。

二、监测的基本方式

工作场所危害因素主要有生产过程逸出的有毒化学物及生产环境中的射线、高温、噪声等。工作场所危害因素监测以区域检测为主要形式,了解正常生产过程中各类危害因素的空间、时间分布,最终形成工作场所危害评价;此项工作是对工作场所危害因素识别、预测、评价、控制的重要手段,是了解生产环境卫生质量和劳动条件是否符合要求的重要方法,是检查有关法规、规章执行情况的重要依据。

(一)监测内容

1. 化学因素的监测

工作场所的化学因素主要包括生产性毒物和生产性粉尘。

(1)生产性毒物 生产性毒物的测定依目的不同分为:

① 现场检测。需要对工作场所的职业卫生状况迅速作出判断评价,以便采取相应措施时,要求使用现场快速检测方法。现场检测要求快速、灵敏、空气样本量少,有一定的准确度,操作简便。常用的方法有:

a. 检气管法。是以试剂浸泡过的载体颗粒制成指示剂,装在玻璃管内,当含被测毒物的空气通过时,同试剂发生颜色反应,根据颜色深浅、色柱长度,即可作出定性、半定量的检测。此法体小负轻、操作简捷、费用低、技术要求不高,有一定的灵敏度。但准确度、精密度较差、保存时间短(一般为一年)。因其不失为一种较好的快速半定量检测法,常用于二氧化硫、一氧化碳、硫化氢、汞、氨、甲醛、苯的检测。

b. 直读式气体测定仪。气体测定仪的检测原理为红外线、半导体、电化学、激光原理等。最近出品的气体测定仪多数有较高的灵敏度、准确度和精密度,体积小、重量轻、易于携带、操作简捷,但价格较高,须按要求校正、维护。可用于多种有害物质的检测。

化工企业经常应用的固定式有毒气体检测仪可连续检测、自动记录空气中毒物浓度,有报警作用,信号可反馈至中心控制室,便于立即采取措施。此类仪器除须按时维护、校正外,因测定结果易受设置区域局部条件影响,结果须综合分析。

另有试纸法和溶液法,因前者干扰因素多、准确度差,后者携带、操作均不便,已很少使用于现场测定。

② 实验室检测。将现场采集的样品送到检测实验室进行检测是目前最常用的检测方法。我国已颁发了国家标准方法,用于评价工作场所卫生状况、职业接触程度,判断与卫生标准符合程度是监督执法和制定卫生标准的依据。缺点是耗时较长。

实验室检测工作包括样品处理和样品测定。为保证检测质量,确保结果的准确性、可比性、公正性,必须做检测全过程,包括准备、样品采集、运输、储存、预处理、分析测定、数据处理的质量保证。

(2)生产性粉尘 生产环境中粉尘的测定项目常见的有粉尘浓度(总粉尘、呼吸性粉尘)、粉尘分散度、粉尘游离二氧化硅含量的测定。

我国卫生标准中粉尘浓度采用质量浓度(mg/m^3),石棉纤维的浓度采用数量浓度[纤维时间加权平均浓度(TWA)为 0.85f/mL、短时间接触容许浓度(STEL)为 1.5f/mL,f/mL 为每毫升空气中含呼吸性石棉纤维的根数]和质量浓度(总粉尘 TWA $0.8mg/m^3$、STEL $1.5mg/m^3$)。

2. 物理因素测定

（1）高温作业 参照《工业企业设计卫生标准》（GBZ 1—2010），其中的 6.2.1 防暑要求。接触限值参照《工业场所有害因素职业接触限值 第 2 部分：物理因素》（GBZ 2.2—2007），第 10 章 高温作业职业接触限值。

（2）噪声测定 等效声级（非稳态噪声或间断接触不同程度噪声时测定等效连续声级），噪声强度超标时，须对噪声源作频谱分析。测定方法按 GBJ 122—1988 工业企业噪声测量规范。

（3）振动的测定 我国自行研制的有 ZDJ-1 型人体振动计、精密声级计测振系统。

（4）高频电磁场测定 常用 RJ-2 型电磁场强度仪。

（5）微波测定 有微波漏能仪 RT-761 型，使用的频度范围为 $0.9\sim 9Hz$（波长 $3.3\sim 33cm$），RCQ-1A 微波漏能仪，测定 2450Hz。测定方法按 GBZ/T 189.5—2007《工作场所物理因素测量 第 5 部分：微波辐射》。

3. 生物监测

生物监测指定期、系统和连续地检测人体生物材料中毒物或代谢产物含量或由其所致的生物易感或效应水平，并与参比值比较，以了解人体接触有害物质的程度及可能的健康影响，它是职业病防治工作中对工人进行健康监护的一项重要内容。外环境即工作场所空气中有害物质的监测，其测定结果往往不能反映机体的危害程度的差异。应用生物监测的指标除可弥补环境监测的不足外，还可直接或间接作机体接触某项有害物质的见证。生物监测不仅可灵敏地反映个体接触情况，且生物参数的变异性比环境参数的变异性小，可全面评价作业场所职业性有害因素，评估工作环境质量状况。由于生物监测具有上述特点，其在职业病防治工作中起重要作用。

（1）生物监测的作用

① 反映机体总的接触量和负荷。生物监测可反映不同途径、不同来源的总接触量和总负荷。

② 可直接检测内剂量和机体负荷及生物效应剂量。内剂量系吸收到体内毒物的量，或某毒物累积剂量或在特殊器官的剂量，生物效应剂量为在靶作用部位的有害物和/或代谢产物的浓度。生物效应剂量超过临界浓度即可能损害健康。

③ 结合了个体差异因素和毒物动力学过程的变异性。

④ 可用于筛检易感者。机体对毒物的易感性有个体差异，常与遗传因素有关。通过易感性指标检测，可尽早发现易感个体，采取相应的防护措施。

（2）常见生物监测类别 按照毒物对机体的作用以及其在体内吸收、分布、代谢及排出情况，生物监测可分为以下三类：

① 测定生物材料中有害物质的含量。如尿、血及头发中的铅、汞、砷的测定等。

② 测定生物材料中有害物质在体内的代谢产物。如苯作业工人尿中酚含量的测定等。

③ 测定生物材料中由职业危害因素引起的生物化学变化或血液细胞学的改变，如铅作业工人红细胞游离卟啉、尿中 δ-氨基-γ-酮戊酸的测定；苯胺作业工人血中高铁血红蛋白和赫恩氏小体的检查等。

（二）检测分类

1. 系统检测

下列情况需开展系统检测：
① 新建、改建、扩建的工业企业竣工验收前；
② 现有设备更新改造、大修后对卫生防护技术措施效果进行评价；
③ 新工艺、新技术、新产品的卫生学鉴定。

检测方法：在选定的采样点连续采样检测3天，计算平均值。
评价短时间接触容许浓度（STEL）和最高容许浓度（MAC）时，每天上下午各检测1次。

2. 定期定点检测

由工业企业负责实施的日常定期定点测定。
检测方法：在选定采样点测定。毒物的日常检测每次至少采样检测1次；动态观测时，要采样检测3次，计算均值。

3. 抽查检测

由卫生行政部门对企业实施的监督性检测，检查职业卫生状况、考察定期定点检测准确性。
检测方法：同2定期定点检测。

4. 事故性检测

发生事故后现场采样检测。
检测方法：在事故现场根据情况选定若干采样点，迅速进行1次以上采样检测，直至毒物浓度低于容许浓度为止。同时做好现场记录（包括时间、方位、距离、所采取的行动等）。

5. 个体接触水平检测

对工作场所的接触毒物的劳动者进行个体采样检测。
检测方法：
① 选定监测对象，配用个体采样器进行个体采样测定。
② 在监测对象所有工作点定点采样测定，然后计算时间加权平均浓度（TWA）。

时间加权平均浓度的应用：要求采集有代表性的样品，按8小时工作日内各个接触持续时间与其相应浓度的乘积之和除以8，得出8小时的时间加权平均浓度（TWA）。应用个体采样器采样所得到的浓度值，主要适用于评价个人接触状况；工作场所的定点采样（E域采样），主要适用于工作环境卫生状况的评价。

时间加权平均浓度可按下式计算，工作时间不足8小时者，仍以8小时计：

$$E = \frac{(C_a T_a + C_b T_b + \cdots + C_n T_n)}{8}$$

式中　　E——8小时工作日接触有毒物质的时间加权平均浓度，mg/m³；
　　　　8——一个工作日的工作时间，h；

C_a、C_b … C_n —— T_a、T_b … T_n 时间段接触的相应浓度；
T_a、T_b … T_n —— C_a、C_b … C_n 浓度下的相应接触持续时间。

6. 隐患点测定

在生产装置职业卫生调查基础上，对常规定期定点测定以外的，有可能存在较高浓度有毒物质，且可能会有人员经过、进入的隐患部位进行不定期测定，在生产波动、人员进入前必须检测。结果记录、存档、上报。毒物浓度较高时，按隐患点管理规定进行治理、管理，必要时挂警示标志。

7. 即时检测

化工企业地域宽广，工艺复杂，有害因素较多，少数专业检测人员无法及时应对、处理突发事件。但具体至一个生产装置（工段），能形成危害的有毒物质相对明确。为及时调查、处理异常情况，在有条件的单位可在车间（工段）根据本单位情况，配备相应的简易快速测定仪器，由本车间经过培训的人员，在生产波动、出现泄漏或人员异常情况时迅速到现场检测，采取相应应对措施。

8. 其他

根据生产和职工工作需要，开展专题调查及进入有限空间前的测定。

三、监测基本技术规范

1. 确定监测项目

依据职业危害因素识别的结果确定各工作场所的监测项目。

2. 确定监测点

监测点应是工人在生产过程中经常操作或定时作业并接触有害因素的作业点。因此监测点的选择确定应在深入了解生产工艺过程、工人接触有害因素情况等基础上分别设点。要求监测点具有代表性（能满足卫生标准要求，即待测因素浓度最高、劳动者接触时间最长），能反映工作场所真实浓度，即在正常条件下存在于工作场所的浓度。在此原则下，根据不同目的可考虑设点条件的变化，如了解毒物影响范围时可根据工艺流程在不同部位设点，包括休息室、控制室、办公室等，评价防护措施效果可在作业区内均匀设点，也可在防护措施局部或有可能逸散毒物处设点。如果劳动者活动范围内，或没有固定的工作点，或者环境污染较多，毒物浓度较均匀，则可在工作场所按一定距离均匀设点，点点之间相距一般为3～6m。在气象条件稳定，环境中毒物浓度均匀时点间距离可加大。

同一车间，不同有害因素，须分别设监测点。若一个监测点存在两种有害因素，则作为两个监测点。

监测点确定后，应绘制监测点方位平面图，存入职业卫生档案，每年复核一次；设置监测点标志牌，定期公布监测结果。监测点的认可、变动和取消，都须经职业卫生主管部门的审核和批准。

3. 确定监测周期

（1）毒物监测

① 高毒物品每月监测一次，一般毒物至少每季度监测一次。

② 毒物浓度超过国家职业卫生标准时，一般毒物至少每月一次；高毒物品实时监测，直至符合国家职业卫生标准。

（2）粉尘监测

① 每季度监测一次。

② 超过国家职业卫生标准时，每月一次；粉尘作业时要进行监测。

③ 对粉尘制定了总粉尘、呼吸性粉尘的时间加权平均浓度（TWA）和短时间接触容许浓度（STEL）两种接触限值，应尽量测定呼吸性粉尘的时间加权平均浓度，尚不具备测定呼吸性粉尘条件时，可测定总粉尘浓度。

④ 有毒粉尘按毒物的要求进行监测。

（3）物理因素监测

① 噪声监测：稳态噪声测 A 声级，在生产工艺不变的情况下，每半年一次；非稳态噪声测等效连续 A 声级，每季度测一次。脉冲噪声只测峰值。设备噪声首次监测时应对噪声源作频谱分析。若工艺设备及防护措施变更时，应随时监测。

② 高温工作场所气象条件监测应在每年当地室外气温达到夏季通风室外计算温度时进行，在不同的时间测定三次。

③ 其他物理因素的监测周期均为每半年测定一次。

④ 工作场所的放射性有害因素测定按照国家有关放射卫生防护标准执行。

（4）生物监测

生物因素每季度监测一次，并根据需要适时监测。

（5）其他监测

① 职业卫生专题调查，新建、改建、扩建建设项目工程验收或职业卫生防护措施卫生学效果评价时，须连续测定两天，每天两次（上、下午各一次）。

② 非正常生产状态下根据需要随时进行监测。

③ 进入设备检维修作业时按《进入受限空间作业安全管理规定》执行。

四、建立有效的质量控制体系

① 建立完善各项监测规章制度、工作程序、规范和技术标准，严格执行国家及行业规范标准。

② 建立健全质量控制责任制及考核规定，明确责任人。

③ 对各类检测工作人员进行质量控制专业培训和考核。

④ 各类检测仪器设备均应符合国家质量检定标准。

⑤ 应定期组织实验室内质量控制测试。

⑥ 建立质量控制档案。

五、工作场所监测数据评价

1. 概念

工作场所的职业卫生质量评价是通过工作场所危害因素监测、生物监测等方法：

① 分析作业环境中职业有害因素的性质、浓度（或强度）及其在时间、空间上的分布情况；
② 估计作业者的接触水平，分析剂量-反应（或效应）关系；
③ 评价工作场所是否符合职业卫生标准；
④ 评价、检查防护措施的效果。

2. 主要规范、标准

职业卫生质量评价的主要依据为国家和地方颁发的职业卫生法规和标准。法规主要有《中华人民共和国职业病防治法》；地方标准主要有《工作场所职业病危害因素监督监测技术规范》（深圳市地方标准 DB4403/T 241—2022）等。

3. 评价的内容和方法

（1）接触水平的估计
① 工作场所职业危害因素浓度（强度）。
一般采用区域采样测得的工作场所职业危害因素的浓度范围作为评价指标。平均值的计算与表达随测定值特征而定，常用的表示方法有算术均数、几何均数、中位数。
② 工作场所职业卫生质量估计。
将不同车间、工种、岗位工作场所中有害因素测定结果根据职业卫生标准进行评估。常用的指标有：

$$测定点合格率 = \frac{合格点数}{实测点数} \times 100\%$$

$$测定点超标倍数 = \frac{测定点实测浓度值}{职业接触限值} - 1$$

$$测定率 = \frac{实测点数}{应测点数} \times 100\%$$

③ 作业者接触水平的估测。使用个体采样器采样、测定，进而估算日平均接触水平，或者测定时间加权平均浓度，计算 TWA 值。

（2）危险度的评定　通过对有害因素危险度的评定，对它们的潜在作用进行鉴定和评价；估算在多大浓度（强度）和何种条件下可造成损害；估测可能引起健康损害的类型、特征和发生的概率及有害因素可能的远期效应。

危险度评定的内容有以下四个方面：
① 危害性鉴定；
② 剂量反应评定；
③ 接触评定；
④ 危险度特征分析。

（3）监测数据评价的注意事项
① 数据数量应符合统计学最低样本要求。生产环境中职业性危害因素强度的时间、空间分布随生产工艺及各种外界条件而变动，样本数据可以有很大变化，因此，不能用一两个数据作出评价。应按国家规定监测频度开展监测。
② 按个体采样或定点区域采样，分别计算、比较。个体采样结果可与国家规定的 TWA

浓度比较，定点区域采样可与最高容许浓度比较。对一组长期监测数据可按分布特点，用适当的方法描述其集中与离散程度。不能简单地以算术均数和标准差表示，数据不多，可用中位数和百分数表示。

③ 区域采样数据不宜以不同监测点合并表示。可以每一监测点计算平均水平，结合工时法估计接触水平。

④ 环境监测不是接触评定唯一内容，不能等同。

第二节　职业性急性中毒的预防

一、基本原则

按三级预防原则，构建预防体系。第一级是工程控制、工艺管理、以低毒或无毒物质取代高毒物质等；第二级为职业安全卫生管理、卫生工程措施、隐患治理、健康监护和个体防护；第三级预防则是处理中毒事故、保护劳动力、避免后果进一步加重。

（一）认识规律、掌握特点

1. 扩散性

化工企业各类事故，经常有化学物质溢出，并向周围扩散，可弥散于环境空气中，形成混合物，随气流分散，使毒害、爆炸、燃烧范围扩大；比空气重的多漂流于地表、沟渠或空气不太流通处，可长时间积聚不散，形成泛发性爆炸或人员中毒。

2. 突发性

此类事故常见于意外，多为突然发生。有时是高压气体从容器、设备漏出，可迅速使大片地区污染。因为它的突发性，在无防备或未经培训的人群中易扩大事故，造成严重后果。例如众所周知的印度博帕尔农药厂 450 吨异氰酸甲酯突然泄漏，造成 6000 余人死亡，20 多万人接受治疗。

3. 化学中毒事故的发生的规律性

① 在一个企业或行业，有毒化学物品很多，但引起急性中毒的化学物质相对集中。石油化工有生产性有毒物质 400 余种，常导致死亡的生产性毒物为 46 种，其中窒息性和刺激性气体就占 1/3。

② 中毒事故的发生与管理水平密切相关。

4. 复杂性与特异性

急性职业中毒发病突然，常呈现复杂的临床表现，危重者多有多个脏器损害。如刺激性气体吸入中毒，以呼吸道损伤为主，但重症者可有持续低氧血症、感染、成人型呼吸窘迫综合征、心脑肝肾损害等；亦可伴有皮肤灼伤、化学性眼炎等表现。

许多化学中毒事故的第一表现为爆炸、燃烧,实际上多数物质的爆炸点远低于急性中毒的阈值。在爆炸发生前已有可能发生急性中毒,此时人的判断、操作能力受到影响,导致事故扩大。如表 5-1 所示。

表 5-1 部分物质的爆炸下限与 IDLH 值、急性中毒浓度比较

物质名称	爆炸下限		IDLH /10^{-6}	急性中毒
	%	mg/L		
70#汽油	1.3		(石脑油:1000)	0.5%~1.6%,15min 有人死亡
氨	15.0	106.0	300	140~210mg/m^3,不能工作
硫化氢	4.3	61.0	100	1mg/L,立即丧失意识死亡
苯	1.4	46.0	500	5mg/L,几分钟意识丧失
甲苯	1.4	54.0	500	5mg/L,几分钟意识丧失
氰化氢	6.0	68.0	50	0.3mg/L,立即死亡
氢氟酸			30	100mg/m^3,只能耐受约 1min
一氧化碳	12.5	146.0	1200	11.7mg/L,5min 死亡

注:IDLH 为立即威胁生命或健康的浓度。

爆炸或燃烧又会使事故复杂化,并引起更多物料外溢或产生其他毒物:几乎所有的有机物燃烧都会产生一氧化碳。偶氮二异丁腈加热即生成四甲基丁二腈和氰化氢,三聚氰酸加热会解聚生成高毒的氰化氢。

由于急性中毒的复杂性,给事故的预防、处理及患者的诊治带来困难,必须认真调查、分析,防患于未然。

但不同的毒物有不同的性质、不同的侵入途径和毒作用;急性中毒还有明显的剂量-反应关系,人只有在短时间内接触或摄入高浓度、高剂量的化学物质,才会产生临床表现。掌握毒物的性质、作用特点,可为预防工作提供依据。

(二)分析重点

急性中毒发生的必要条件为:存在能使人群产生急性反应的化学危险物,该物质有可能在局部形成较高的浓度并持续一定时间,有接触人群和侵入人体的途径。具备上述条件就是预防重点。

1. 识别、评价化学危险品

编制本单位可能造成急性化学中毒的物质名录,重点管理。制定依据为:

(1)物理特性

① 沸点。沸点越低的物质,气化越快,易迅速造成事故现场空气的高浓度污染。

② 相对密度表示该物质在水中的沉浮状态。水的相对密度为 1,相对密度小于 1 的液体,发生火灾时,用水扑救无效,甚至因水的流动性使火灾和毒害范围蔓延。

③ 蒸气压(饱和蒸气压)为化学物质在一定温度下与其液体或固体相互平衡时的饱和压力。发生事故时温度越高,化学物质蒸气压越高,其在空气中的浓度也相应增高。

④ 蒸气相对密度(空气为 1)。蒸气相对密度值小于 1 时,该蒸气比空气轻,能在相对稳定的大气中趋于上升。反之,泄漏后趋于接近地面或低洼处。

⑤ 爆炸极限:可燃气体、蒸气、薄雾、粉尘或纤维状物质,按一定比例与空气形成的混合物,遇着火源能发生爆炸,这样的混合物称为爆炸性混合物。而这种混合物遇着火源能

发生爆炸的最高浓度极限，称为爆炸上限；遇着火源即能发生爆炸的最低浓度极限，称为爆炸下限。上、下限之间的浓度范围叫爆炸浓度极限。通常用体积分数（%）表示。

影响气体混合物爆炸极限的因素主要有：原始温度、压力、介质、着火源、容器尺寸和材质等。

影响粉尘爆炸的因素有粒度和粒度分布、粉尘化学性质和组成、粒子形状和表面状态、粉尘浮游性及水分五个方面。

（2）毒性　是指外源性化学物质引起损害的能力。常用指标如下。

① 半数致死剂量（LD_{50}）或浓度（LC_{50}）：LD_{50} 或 LC_{50} 值愈小，毒性愈大。

较为通用的急性毒性分级见表 5-2。

表 5-2　化学物质的急性毒性分级

毒性分级	大鼠一次经口 LD_{50}/（mg/kg）	6 只大鼠吸入 4h，死亡 2～4 只的浓度/10^{-6}	兔涂皮 LD_{50} /（mg/kg）	对人可能致死量	
				g/kg	总量（60kg 体重）/g
剧毒	<1	<10	<5	<0.05	>0.1
高毒	1～50	10～100	5～44	0.05～0.5	>3
中等毒	50～500	100～1000	44～350	0.5～5	>30
低毒	500～5000	1000～10000	350～2180	5～15	>250
微毒	≥5000	≥10000	≥2180	≥15	>1000

但 LD_{50} 是化学物的终点效应，以死亡作评价指标，不能表达全面毒效应。某些物质，尤其是刺激性、腐蚀性强的毒物，LD_{50} 不能代表全身毒作用，应用于人体差异更大；且该指标受到动物种族、性别、年龄、饲养条件、健康等因素影响，会有较大差异，因此需结合其他指标综合评价。

② 职业性接触毒物危害程度分级（GBZ 230—2010）规定：以急性毒性、急性中毒发病状况、慢性中毒后果、慢性中毒患病情况、致癌性和最高容许浓度等六项指标为定级标准，综合分析、权衡，以多数指标的归属定出级别，个别毒物按其急慢性或致癌性等突出危害定级别。列为 I 级（极度危害）的有苯、氯乙烯、羰基镍、氰化物等；II 级（高度危害）的有氯、丙烯腈、硫化氢、氟化氢、氯丙烯、甲苯二异氰酸酯、环氧氯丙烷、一氧化碳等；III 级（中度危害）的有苯乙烯、甲醇、硝酸、硫酸、盐酸、甲苯、三氯乙烯、二甲基甲酰胺、苯酚、氮氧化物等；IV 级（轻度危害）的有溶剂油、丙酮、氢氧化钠、氨等。

③ IDLH：指对作业人员生命或健康造成危险的浓度。此浓度下，作业人员于 30min 内脱离接触，不致造成不可逆性健康损害。由美国职业安全卫生研究所制定，并不时修订补充。除表 5-2 举例外，另如丙烯腈 85×10^{-6}、1,3-丁二烯 2000×10^{-6}、氯 10×10^{-6}、环乙烷 1300×10^{-6}、二甲基甲酰胺（DMF）500×10^{-6}、环氧乙烷 800×10^{-6}、甲醛 20×10^{-6}、液化石油气（LPG）2000×10^{-6}、丙烷 2100×10^{-6}。

（3）主要毒理作用和临床特征　常见的 21 种重点毒物，大致可分成刺激性、窒息性和中枢神经性三类，在常温下多为气体，容易蒸发、升华、挥发，故容易引起急性中毒。

（4）设备、工艺条件及影响人数　高温、流动状态、设备条件差、储存量大、接触人数多，均增加了危险性。

2. 评价作业、装置和工种的危险度

在平时就要对生产装置、生产工艺、作业方式的潜在危险程度进行分析，发现薄弱环节

及时进行改进，对于急性中毒事故的预防及发生事故以后的应急救援有很大作用。分析内容包括生产设备、采用的工艺、作业方式、存在的化学物质（包括产品、原料、反应中间体、三废的种类、数量）、逸出或泄漏机会或条件、管理情况、个体防护和辅助措施（监控警报、急救和冲洗措施等）、安全管理和技术、安全卫生规章制度及落实执行、卫生工程、劳动组织、健康教育等；特别注意生产波动、温度和压力条件改变、清理和检维修、有限空间和封闭时间较长部位可能发生的问题。

通过分析，找出危险点较大的重点装置、重点部位（如窨井、密闭容器、污水池、采样口、放空口等）、重点人群（采样、检维修、外来或新参加工作的人员）、重点时机（生产波动、进入重点部位、处理某些物料等）。根据不同情况采取对策，既保证了安全，又可提高预防工作深度。要注意当上述数个因素同时发生或恶化，发生急性中毒的机会就增大。有时一些毒性较低或通常情况下无毒的物质如甲烷、二氧化碳、氮气等，在密闭空间、缺乏个人防护、没有及时有效检测时会产生严重后果。

在辨别危险度时，危险物质存在的数量是重要依据。能够引起事故的化学物质达到一定数量才有意义。

《危险化学品重大危险源辨识》（GB 18218—2018）中规定：重大危险源是指长期地或者临时地生产、加工、搬运、使用或储存危险物质，且危险物质的数量等于或者超过临界量的单元（包括场所和设施）。其单元指一个（套）生产装置、设施和场所，或属同一个工厂的，且边缘距离小于 500m 的几个（套）生产装置、设施和场所。临界量指对于某种或某类危险物质规定的数量，若单元中的物质数量等于或超过该数量，则该单元定为重大危险源。部分物质临界量见表 5-3。

表 5-3 部分物质临界量

物质名称	临界量/t		物质名称	临界量/t	
	生产场所	储存区		生产场所	储存区
丙烯腈	40	100	二硫化碳	40	100
氨气	40	100	氟化氢	2	5
氯气	10	25	氯化氢	20	50
一氧化碳	2	5	三氧化硫	30	75
硫化氢	2	5	异氰酸甲酯	0.30	0.75
氰化氢	8	20	汽油	2	20
苯	20	50	石油气	1	10

该标准所列出的四类物质如下：
① 爆炸性物质；
② 易燃物质；
③ 活性化学物质；
④ 有毒物质。

石化企业设施多，设备、工艺条件不一，有些危险物质数量较少，但一旦发生泄漏、爆炸后果也很严重；尤其在人口稠密地区。因此，对低于临界量的物质也应有相应措施。

二、化学品的安全技术说明书

国家对危险化学品的生产，统一规划，严格管理。生产单位应对所生产的化学品进行危险性鉴别，并对产品要挂贴化学品安全技术说明书（MSDS），使用单位在购进危险化学品时，必须核对包装上的安全标签，如有损坏必须补贴，安全技术说明书要提供给操作人员。危险化学易燃物品必须储存在经公安部门批准设置的专门的危险化学品库中。

安全技术说明书由生产单位编写，是生产单位应登记的内容之一。安全技术说明书为化学物质及其制品提供了有关安全及健康的各种信息、化学品基本知识、防护措施和应急行动等方面的专业资料，我国安全技术说明书编写规定等效采用 ISO 11014—2009《化学品安全技术说明书》，在信息表述上与国际保持一致。

（1）化学品及企业标识　主要标明化学品名称、生产企业名称、地址、邮编、电话、应急电话、传真等信息。

（2）成分/组成信息　标明该化学品是纯化学品还是混合物。纯化学品，应给出其化学品名称或商品名和通用名。混合物，应给出危害性组分的浓度或浓度范围。

无论是纯化学品还是混合物，如果其中包含有害性组分，则应给出化学文摘索引登记号（CAS 号）。

（3）危险性概述　简要概述本化学品最重要的危害和效应，主要包括：危险类别、侵入途径、健康危害、环境危害、燃爆危险等信息。

（4）急救措施　指作业人员意外受到伤害时，所需采取的现场自救或互救的简要的处理方法，包括眼睛接触、皮肤接触、吸入、食入的急救措施。

（5）消防措施　主要表示化学品的物理和化学特殊危险性，合适灭火介质，不合适的灭火介质以及消防人员个体防护等方面的信息，包括：危险特性、灭火介质和方法，灭火注意事项等。

（6）泄漏应急处理　指化学品泄漏后现场可采用的简单有效的应急措施、注意事项和消除方法，包括应急行动、应急人员防护、环保措施、消除方法等内容。

（7）操作处置与储存　主要是指化学品操作处置和安全储存方面的信息资料，包括：操作处置作业中的安全注意事项、安全储存条件和注意事项。

（8）接触控制/个体防护　在生产、操作处置、搬运和使用化学品的作业过程中，为保护作业人员免受化学品危害而采取的防护方法和手段。包括：最高容许浓度、工程控制、呼吸系统防护、眼睛防护、身体防护、手防护、其他防护要求。

（9）理化特性　主要描述化学品的外观及理化性质等方面的信息，包括：外观与形状、pH值、沸点、熔点、相对密度（水=1）、相对蒸气密度（空气=1）、饱和蒸气压、燃烧热、临界温度、临界压力、辛醇/水分配系数、闪点、引燃温度、爆炸极限、溶解性、主要用途和其他一些特殊理化性质。

（10）稳定性和反应活性　主要叙述化学品的稳定性和反应活性方面的信息，包括：稳定性、禁配物、应避免接触的条件、聚合危害、分解产物。

（11）毒理学资料　提供化学品的毒理学信息，包括：不同接触方式的急性毒性（LD_{50}、LC_{50}）、刺激性、致敏性、亚急性和慢性毒性，致突变性、致畸性、致癌性等。

（12）生态学资料　主要陈述化学品的环境生态效应、行为和转归，包括：生物效应（如 LD_{50}、LC_{50}）、生物降解性、生物富集、环境迁移及其他有害的环境影响等。

（13）废弃处置　是指对被化学品污染的包装和无使用价值的化学品的安全处理方法，包括废弃处置方法和注意事项。

（14）运输信息　主要是指国内和国际化学品包装、运输的要求及运输规定的分类和编号，包括：危险货物编号、包装类别、包装标志、包装方法、UN编号及运输注意事项等。

（15）法规信息　主要是化学品管理方面的法律条款和标准。

（16）其他信息　主要提供其他对安全有重要意义的信息，包括：参考文献、填表时间、填表部门、数据审核单位等。

三、加强监督管理

安全生产管理制度、劳动纪律是人类在长期生产实践中用血的代价得出的经验总结。加强法制、严格监督、强化管理，投资少、见效快，是预防各类事故最重要的措施。

（1）严格执法　我国颁布了《职业病防治法》和大量的法规、条例，与之配套的有多项职业卫生标准；还有各省（市、自治区）的人大或政府已制定了各自的劳动保护法令。这些是预防工作的基础。各企业要根据自身特点，实施HSE管理体系；各单位要结合实际，健全、完善职业卫生内容。

（2）强化管理　职业卫生管理是企业自身的工作，也是监督的基础。要采取行政措施，对本企业职业安全卫生管理制度的施行、人的安全行为、工艺设备的不安全状态进行监督和奖惩，对执行国家安全卫生方针政策的情况进行监督。企业各部门要明确职责、互相协调、定期考核、落实措施。

（3）提高劳动者素质　违章作业、违章指挥、劳动组织不合理是急性中毒事故发生的重要原因。提高生产者和管理者的素质是预防事故发生的前提。素质教育包括思想、纪律、技术、应变能力等。企业还要根据情况有计划地开展职业卫生知识的培训。

四、完善监测

1. 目的

开展监测工作的目的是预防急性生产性化学中毒。
① 能及时发现现场有毒化学品浓度变化（主要为升高变化）。
② 有毒化学品浓度达到预设警戒水平时能提供警示。
③ 进入重点部位或可疑场所前或进行中，及时提供浓度数据。
④ 为诊断救治中毒病人、事故调查处理，提供现场有毒物质浓度。

2. 要求

① 及时：能根据生产及现场需要，及时提供服务。
② 实用：要定性正确，定量相对正确；方便易掌握。
③ 快捷：能尽快得出结果，指导现场。
④ 经济：价格能为多数接受。

3. 方法

多数企业在职业卫生调查、有毒化学品登记基础上，需要对预防性化学物质浓度测定的对象、部位比较明确，可以根据要求选用相应方法，如检气管法、试纸法、溶液法、直读式检测仪器等。

4. 分类

根据目的和方法不同，可分为主动监测、被动监测、自动监测；根据配置地点的差异则可分为3种类型。

（1）车间或装置　在明确有毒化学物质种类和重点部位后，可以配置自动监测报警仪器和直读式便携式报警仪。

（2）重点部位　列出预防急性中毒重点部位后，应组织人员定期监测检查，严格管理，发现问题立即提出处理意见，书面通知有关部门；一时不能治理的，要加强管理，竖立警示标志。

（3）重点作业前　进入罐、塔、容器等设备，有限空间，非常规进入的重点区域或开展特殊作业之前均应作预防性监测。根据测定结果采取相应的监护措施。

五、严密监护

与常规健康监护不同，为预防急性化学中毒开展的监护，重点是高危人群、高危（重点）作业。

① 筛选出不合适从事某种作业的人员，是预防急性中毒的重要措施。筛检标准可用职业禁忌证为基础，注意下列情况：同时有高温条件的应符合高温作业要求，禁忌证为有较重的心血管系统、呼吸系统、中枢神经系统疾病、明显的内分泌病及重病后、体弱者；需使用呼吸防护器具的，注意脸形吻合是否严密，禁忌证为有较重的皮肤病、皮肤过敏和呼吸系统、心血管系统疾病者；进入有限空间（容器）内作业禁忌证为较重的心血管系统、呼吸、泌尿、消化系统疾病及较重的皮肤病和皮肤过敏、体质较差、营养不良、矮胖或肥胖及有心理障碍者。

② 制定监护要求和操作规程。对进入有限空间施行作业设有许可证制度，内容包括：允许进入部位、目的、批准日期和期限、批准进入人员名字、值班守护人员、进入部位的危害、消除危害的措施、气体检测人员的姓名、检测结果和时间、救护措施、通信联络方法、必要设备、其他附加的许可（如高温、低氧等）。某厂对高温、低氧有毒条件下的容器内作业，制定严密的全程监督、监测、监护措施，制定合理的人体监测指标。

③ 结合本单位特点研究相应的防护措施。对新工艺、新毒物和劳动条件不熟悉的新作业，应针对各自的特点，研究预防保护办法。某单位新建氢氟酸烷基化装置，氢氟酸使用量为40t，因面积较大，按设计要求设置的集中式洗消设备不能满足巡回、检修、采样人员的要求，有关部门参考国外资料，研制可供工人随身携带的氢氟酸防护药品，适应应急处置的需要。

④ 正确使用个人防护器具。在生产环境中存在有毒物质可能发生急性中毒时，个体防护是一项重要的措施。

六、制定预案，健全三级救援网络

① 急性化学中毒事故绝大多数发生在生产过程中，要以企（事）业单位为基础，制定控制事故和救援方案。

② 建立救援网络。急性化学中毒事故救援网络应包括工程抢险、医疗救援和社会组织。根据事故规模、中毒严重程度、死亡人数等划分等级，分别组织医疗救援及应急反应。

七、信息管理

在化学危险物识别登记基础上建立化学毒物、临床表现、诊断治疗方法和事故处理的新进展资料库，建立查询系统，主动指导现场抢救和处理。由于新化学品的不断出现、毒理研究的深入发展，信息系统要关注国内外研究动态，及时补充拓展。

第三节 职业性急性中毒的事故的处理

危险化学品由于各种原因造成或可能造成人员伤亡或社会危害时，应及时控制危险源、抢救受害人员、指导群众防护和组织撤离，消除危害后果。事故处理中，工程救援处理和医学救护是最主要的任务。

化学事故的应急救援：我国已成立了国家化学事故应急救援系统、化学事故应急救援指挥中心，并按区域组建了化学事故应急急救抢救中心，开通了化学事故应急咨询热线。

化学品事故应急救援一般包括报警与接警，应急救援队伍的出动，实施应急处理即紧急疏散、现场急救、溢出或泄漏处理和火灾控制几个方面。

一、基本原则

（1）预防为主　平时除做好预防事故发生的工作外，应落实好事故救援处理工作的各项准备措施，一旦发生事故，就能及时开展。

（2）统一指挥、分级负责　事故多为突然发生，有时迅速扩散，多途径、大范围发生危害，因此，事故处理和救援必须迅速、准确、有效。为此，只能实行统一指挥下的分级负责制，根据事故的发展情况，充分发挥单位自救和社会救援的作用。

化学事故处理涉及面广、专业性强，要在统一指挥下，组织工程、消防、卫生、劳动等部门密切配合，减少损失。

二、基本任务

（1）控制危险源　及时控制危险源，防止事故继续扩大是首要任务。尤其在人口稠密和人员众多地区。

（2）抢救受害人员　开展救援行动时，摸清情况（影响范围、受害人数等），及时、有序地组织受害人员救援、实施自救互救、安全转运伤员。

（3）指导群众防护，组织撤离　当化学事故有可能或已经扩散、危害周围地区时，应及时组织群众开展自身防护，并向上风向撤出可能受到危害的危险区域。

（4）做好现场清理、消除后果　对溢出的有毒害物质，及时组织人员予以清除，防止对环境和人体的危害。

（5）事故调查　事故发生后应及时调查发生原因，评估危害程度、清查伤亡情况。

三、单位自救的基本程序

单位自救的基本程序如下。

① 确定临时抢救指挥员（组），统一指挥、调度。

② 初步判断事故发生部位、化学危险物名称和数量、事故原因、性质（外溢、爆炸、燃烧）、危害程度、有无中毒人员（位置、数量），初步提出救援方案。

③ 报警。内容包括：单位、发生时间、地点（部位）、事故性质、化学危险物名称、数量、危害可能程度、中毒人员、对救援的要求以及报警人、电话等。

④ 救援。

a．医疗救援。组织人员进入现场，抢救伤员脱离危险区至上风向安全处，开展自救互救；做好进一步急救和转运准备。

b．工程救援。尽快尽可能堵源，避免事故扩大。

⑤ 注意事项。

a．进入污染区前，必须戴好防护用具（面罩、防护服、防护手套等）；2～3人一组行动；带好通信联络设备。

b．随时保持与上级联系，听从指挥调度。

四、社会救援

重大化学事故，危害程度或范围可能影响附近地区，或单靠本单位力量不能控制时，须组织社会救援。

救援网络包括工程抢险、医疗救护、社会组织。根据事故规模、中毒严重程度和死亡人数划分等级，分别组织救援。

事故等级可参照上海市化学事故应急救援办法，按照中毒人数＜10人、11～100人、＞100人，死亡人数＜3人、4～30人、＞30人，分为一般、重大、特大事故，分别组织实施应急反应。

医疗救援可根据现场伤亡情况组织应答，按下列序列实施：

医疗救援一级：现场救援、处理事故源、现场抢救中毒患者、疏散涉害人员、及时正确转送伤员。

医疗救援二级：医疗急救，由所在地区对化学急救有经验有条件的医疗单位负责。

医疗救援三级：重症抢救，由地区性急救中心或上级医院来承担。

企业是救援网络的主要应答者。一旦发生事故，企业应能最早判断、最快反应，及时控制事故源、制止事故扩大、组织救援力量，争取时间减少伤亡和损失，因此，企业内部必须建立健全救援组织。

五、职业卫生工作

（1）准备　接到报警后，立即对事故单位的职业卫生档案、毒物登记卡片、每班人员、个人防护器材情况、职业卫生资料进行检索，分送工程救援、医疗救护、指挥机构。

（2）救援　职业病临床、职业卫生人员分别参加医疗救援、工程救援小组，必要时参加指挥机构工作；组织人员开展现场调查。

（3）调查

① 现场调查。
a. 了解工艺、设备、操作等现场情况，听取生产、技术人员意见；
b. 调查事故主要危害物、危害范围，检测危害物浓度，送各救援组；
c. 调查受影响者症状、体征、人数、分布、轻重程度；
d. 分析判断，提出对事故原因和调查、救援、现场清消、人员疏散等的专业意见。
② 调查报告。事故调查后，应有详细的书面报告，内容和格式如下：
a. 标题。
b. 主抄送单位。
c. 事件概况（日期、时间、地点和部位、引起的后果、范围和程度）。
d. 事件经过描述，可附图表说明。
e. 现场调查及伤员情况。
f. 原因分析。
g. 处理意见和建议。
h. 报告单位、日期。
（4）根据调查和报告，检查落实整改情况

第四节　应急救援预案与装备

应急救援预案是针对化学品危险源制定的应急反应计划，是企业应急预案中不可缺少的一个部分。化学事故应急救援工作受到化学危险品的性质、事故危害程度、现场环境、气象等多方面的影响，因此必须预先做准备、研究对策，以便在事故发生时能快速、有序、有效地实施救援。

一、基本原则

（1）科学性　预案应在调查研究基础上，结合工程技术、职业卫生、医疗救援机构等各方面人士意见，经过分析、论证，制定出严密、完整的方案。
（2）实用性　预案要符合企业、装置、所在地区情况，有适用性、实用性，便于操作。
（3）权威性　预案应经有关部门、上级领导批准，对涉及的部门要有权威性，保证预案落实。

二、步骤

（1）调查研究　对涉及对象全面调查，包括生产情况、工艺、原料、生产条件、产品、中间产品、有毒物质数量、隐患部位、采样点、排放口、有毒物质溢漏情况等；必要时须包括当地的气象、地形地貌、环境、人口分布特点、社会公用设施、救援能力。
（2）危险源或危险物质评估　确定目标，全面评估。
（3）分析总结、编制预案　根据救援目标的危险度和事故分析，结合单位和社会救援能力，编制相应预案。

三、内容

按照范围和程度，分别编制企业（公司、厂）、生产装置、目标化学危险物的预案。

基本内容包括：

① 基本情况：生产工艺情况、地区和社会情况、环境气象。

② 有毒化学物：

a. 数量、工艺条件、外溢条件、规律；

b. 理化参数、毒性作用、接触限值（MAC，TWA，STEL，IDLH）、健康危害、急救防护措施、环境影响、泄漏处理。

③ 安全技术措施：密闭、抽排风、报警警示监控设备、冲淋洗消、急救和个人防护措施等。

④ 安全管理措施及同类事故介绍。

⑤ 监测数据：常规测定、隐患部位、特殊危险作业、检维修和其他条件测定结果。

⑥ 组织措施：组织领导和职责分工，工程救援，医疗救援，事故调查，人员疏散，通信保卫等的应急方案及组成，分工，社会救援。

⑦ 报警信号和程序，通信保证。

⑧ 设备器材。

⑨ 演习、检查。

⑩ 信息管理：在化学危险品识别、登记基础上建立化学毒物资料库，随时更新、补充、拓展。

预案应附救援程序网络图、各项平面图、组织联络图表等。

四、应急救援的基本装备

为保证救援工作的有效实施，各救援部门都应制定救援装备的配备标准。平时做好装备的保管工作，保证装备处于良好的使用状态，一旦发生化学事故就能立即投入应用。

1. 应急救援装备的配备原则

救援装备的配备应根据各自承担的救援任务和救援要求选配。选择装备要从实用性、功能性、耐用性和安全性，以及客观条件上配置。

2. 基本救援装备的分类

化学事故应急救援的基本救援装备可分为两大类：基本装备和专用装备。

（1）基本装备　一般指救援工作所需的通信装备、交通工具、照明装备和防护装备等。

① 通信装备是应急救援工作的重要通信工具。

目前，中国应急救援工作中，常采用无线和有线两套装置配合使用。有线通信工具如：电话；无线通信装备如：手机型、车载型和固定机型通信工具。另外，传真机的应用，使救援工作所需要的有关资料及时传送到事故现场。

② 交通工具。良好的交通工具是实施快速救援的可靠保证。在应急救援行动中常用飞机和汽车作为主要的运输工具。

国外，直升机和救援专用汽车已成为应急救援中心的常规运输工具，在救援行动中配合使用，提高了救援行动的快速机动能力。目前，中国的救援队伍主要以汽车为交通工具，在远距离的救援行动中，借助民航和铁路运输。

③ 照明装备。化学事故现场情况较为复杂，在实施救援时需有良好的照明。因此，需对救援队伍配备必要的照明工具，有利救援工作的顺利进行。

照明装置的种类较多，在配备照明工具时，除了应考虑照明的亮度外，还应根据化学事故现场的特点，注意其安全性能。工程救援应选择防爆型电筒。

④ 配备防护装备。有效地保护自己，才能取得救援工作的成效。在化学事故应急救援行动中，对各类救援人员均需配备个人防护装备。个人防护装备可分为防毒面罩和防护服。救援指挥人员、医务人员和其他不进入污染区域的救援人员大多配备过滤式防毒面罩，防护服可选用 82 型透气式防毒服，并与防毒手套和防毒靴等配套使用。其目的是在执行救援任务中，防止风向的突然变化或穿越污染区域时的应急自我保护。对于工程、消防和侦检等进入污染区域的救援人员应配备密闭型防毒面罩。目前，常用正压式空气呼吸器。防护服应能防酸碱。

（2）专用装备　主要指各专业救援队伍所用的专用工具（物品）。

① 各专业救援队在救援装备的配备上，除了本着实用、耐用和安全的原则外，还应及时总结经验，自己动手研制一些简易可行的救援工具。特别是在工程救援方面，一些简易可行的救援工具，往往会产生意想不到的较好效果。

② 侦检装备，应具有快速、准确的特点，现多采用检测管和专用气体检测仪，优点是快速、安全、操作容易、携带方便，缺点是具有一定的局限性。国外采用专用监测车，车上除配有取样器、监测仪器外，还装备了计算机处理系统，能及时对水源、空气、土壤等样品就地实行分析处理，及时检测出毒物和毒物的浓度，并计算出扩散范围等救援所需的各种数据。

③ 医疗急救器械和急救药品应根据需要，有针对性地加以配置。急救药品，特别是特殊解毒药品的配备，应根据当地化学毒物的种类备好一定的数量。为便于紧急调用，需编制化学事故医疗急救器械和急救药品配备标准，以便按标准合理配置。

世界卫生组织对灾害之后的卫生需要，编制了紧急卫生材料包标准。其由两种药物清单（A 和 B 清单）以及一种临床设备清单（C 清单）组成，在紧急情况下使用。其中 A 清单包含 25 种简单药物，供辅助医务人员和受过极少训练的卫生人员对症治疗用。B 清单提供 31 种药物，供医生或高级卫生人员使用。C 清单是设备部分，其中还有一本使用说明书，现已被各国当局、捐助政府和救援组织所采纳。

中国各地的医疗急救中心，以及化学事故应急救援组织，也根据承担的任务，编制和配备相应的现场医疗急救装备，对于顺利开展救援工作提供了有力的物资保证。

3. 救援装备的保管和使用

做好救援装备的保管工作，保持良好的使用状态是平时救援准备的一项重要工作。各救援部门都应制定救援装备的保管、使用制度和规定，指定专人负责，定时检查。做好救援装备的交接清点工作和装备的调度使用，严禁救援装备被随意挪用，保证应急救援的紧急调用。

本章小结　确定工作场所职业危害因素并做好相关监测，是防止职业性急性中毒的日常性工作。为预防发生职业性急性中毒事故，还需提前做好应急救援预案与救援装备的日常管理。

 拓展阅读

急救箱里有什么？

急救箱里配备了各种必需的防护用具和用品，下表给出了企业急救箱的最低配备和可选配备，根据需要还可配备防静电工作服、防毒面具、自给正压式空气呼吸器、普通隔热服等，同时按需要配备必需的便携式有毒气体检测仪器及便携式辐射剂量仪等。在厂区消防站内设气防站。气防站配备包括：救护车、担架、通信工具、有毒有害气体检测仪、空气呼吸器、除颤器、空气压缩机、心肺复苏器具以及一定数量的备用气瓶和必要的维护维修器具等。

企业急救箱的最低配备和可选配备表

急救箱最低要求	急救箱内可选内容
自粘伤口敷料	止血带
防水创可贴	安全别针
三角巾	医用胶带
医用绷带	消毒纱布（5cm×5cm）
人工呼吸面罩	烧伤敷料（7.5cm×7.5cm）
一次性手套	眼垫（6cm×8cm）
剪刀	手电筒
酒精擦拭纸	镊子
纱布	急救毯
急救手册、急救说明书	高分子急救夹板

 思考题

1．时间加权平均浓度（TWA）的含义是什么？
2．职业性急性中毒的预防的基本原则是什么？
3．发生急性中毒，单位自救的基本程序是什么？
4．化学品的安全技术说明书（MSDS）有哪些内容？

第六章 职业体检与健康监护

第一节 职业健康检查

职业性健康监护以预防为目的，运用现代医学手段，通过对监护人群长期、系统、连续的医学观察，早期检测特定作业条件下群体健康状况及个体健康损害性质、程度、发展规律，发现和识别新职业危害，评价干预措施效果；与环境监测结果配合分析，可了解接触水平（剂量）-反应关系，为制定职业危害防治对策提供科学依据。健康监护一般通过就业前和定期健康检查，及早发现职业性病损和亚临床变化。职业性健康检查与一般体格检查不同，除一般的常规医学检查外，还应有与所接触职业有害因素有关的检查内容（包括实验室检验项目）、疾病登记和健康评定。

职业健康监护工作政策性、科学性、技术性强，是一项长期、艰巨的系统性、综合性工作，因此，应对所有操作实现规范化、信息化管理。

《职业病防治法》规定，对从事接触职业病危害作业的劳动者，用人单位应当组织上岗前、在岗期间和离岗时的职业健康检查。这种检查应当针对作业的特点进行，并将检查结果如实告知劳动者。职业健康危害因素检测、评价应由市级以上地方人民政府卫生行政部门给予资质认可的职业卫生技术服务机构进行。对检查的结果要做评价，疑似职业病者须做进一步明确诊断。健康监护费用在生产成本中列支。依法承担职业性健康检查的医疗卫生机构要实施质量管理监督，保证工作质量。

一、上岗前的健康检查

上岗前检查的目的在于发现受检者的职业禁忌证，以判断其是否适合从事该项工作；另外，获得就业前健康状况的基础资料，建立或更新个人健康档案，分清法律责任，供今后随访观察、对比用。

根据《职业健康检查管理办法》（国家卫健委，2019年修订）的规定，用人单位应当组织接触职业病危害因素的劳动者进行上岗前职业健康检查；不得安排未经上岗前职业健康检查的劳动者从事接触职业病危害因素的作业；不得安排有职业禁忌的劳动者从事其所禁忌的作业；用人单位不得安排未成年工作者从事接触职业病危害的作业；不得安排孕期、哺乳期的女职工从事对本人和胎儿、婴儿有危害的作业。

二、在岗期间的健康检查

在岗期间的健康检查是按接触职业性有害因素的性质、程度，每隔一定时间，对作业工人健康状况进行常规的或有针对性内容的检查。目的在于早期发现职业性有害因素对机体健康的影响，及时诊断和处理职业病，检出易感人群。定期检查属第二级预防，是健康监护的重要内容。通常选用特异性和敏感性较多的指标。检查方法应有足够的敏感性、特异性、无副作用，方便易行，易被接受，有一致性、准确性、可重复性、经费合理。

《职业健康检查管理办法》规定用人单位应当组织接触职业病危害因素的劳动者进行定期职业健康检查；发现职业禁忌或者有与所从事职业相关的健康损害的劳动者，应及时调离原工作岗位，并妥善安置；对需要复查和医学观察的劳动者，应当按照体检机构要求的时间，安排其复查和医学观察。

三、离岗时的健康检查

用人单位在与劳动者解除或终止劳动合同前，或者用人单位发生分立、合并、解散、破产等情形的，应对劳动者进行离岗前的职业健康检查，并按照国家有关规定妥善安置职业病病人。

其目的在于对劳动者离岗时的整体健康状况进行一次评估，初步判断工作期间职业有害因素对其健康有无损害，了解健康损害可能的原因，分清责任，为以后的诊断、治疗和可能出现的职业病诊断纠纷提供参考依据。

用人单位对未进行离岗时职业健康检查的劳动者，不得解除或终止与其订立的劳动合同。

四、应急的健康检查

应急的健康检查指对遭受或者可能遭受急性职业病危害的劳动者，及时组织进行的健康检查和医学观察。其目的在于早期发现职业损伤，早期治疗，防止损伤的进一步发展。

五、健康状况分析

职工健康监护资料须及时整理、分析、评价及反馈。使之成为开展职业卫生工作的依据。评价方法分为个体评价和群体评价。个体评价反映接触量及对健康的影响，群体评价包括作业环境中有害因素强度范围、接触水平及机体的效应等。

分析评价时常用的反映职业性危害情况的指标有发病率、患病率、疾病构成比、平均发病工龄、平均病程期限、病死率、伤病缺勤率等。

通过分析，可以发现对工人健康和出勤率影响较大的疾病及其所在部门、工种，从而探索原因，采取相应防护措施。

六、职业健康检查管理

① 劳动者接受职业健康检查应当视同正常出勤。职业健康检查和医学观察的费用，应当由用人单位承担。

② 用人单位应当于 30 天内从体检机构取得反馈信息，包括：

a．受检者个体健康评定；

b. 受检单位群体健康水平评定。
　　并及时将取得的职业健康检查结果如实告知劳动者。
　　③ 用人单位对疑似职业病病人应当按规定向所在地卫生行政部门和集团公司职防中心报告，并按照体检机构的要求安排其进行职业病诊断或者医学观察。
　　④ 用人单位应当建立职业健康监护档案，并按规定妥善保存职业健康监护档案。
　　⑤ 劳动者有权查阅、复印其本人职业健康监护档案。劳动者离开用人单位时，有权索取本人健康监护档案复印件；用人单位应当如实、无偿提供，并在所提供的复印件上签章。
　　⑥ 按统计年度汇总职业健康检查结果，将汇总材料和患有职业禁忌证的劳动者名单报告用人单位、集团公司职防中心及当地卫生行政部门，有条件时结合生产环境测定进行分析，并将信息反馈给有关部门，促进预防和管理。

第二节　职业健康监护

一、职业健康监护的发展历史

　　职业健康监护是以预防为目的，根据劳动者的职业接触史，通过定期或不定期的医学健康检查和健康相关资料的收集，连续性地监测劳动者的健康状况，分析劳动者健康变化与所接触的职业病危害因素的关系，并及时地将健康检查和资料分析结果报告给用人单位和劳动者本人，以便及时采取干预措施，保护劳动者健康。职业健康监护主要包括职业健康检查、离岗后健康检查、应急健康检查和职业健康监护档案管理等内容。
　　Lewis C Robbins 医生首次提出健康风险评估的概念，他在 20 世纪 40 年代进行了大量的子宫颈癌和心脏疾病的预防实践工作，从中他总结了这样一个观点：医生应该记录病人的健康风险，用于指导疾病预防工作的有效开展。他创造的健康风险表（health hazard chart），赋予了医疗检查结果更多的疾病预测性含义。
　　20 世纪 50 年代，Robbins 担任公共卫生部门在研究癌病控制方面的领导者，他主持制定了《十年期死亡率风险表格》（tables of 10-year mortality risk），并且在许多小型的示范教学项目中，以健康风险评估作为医学课程的教材及运用的模式。
　　到了 20 世纪 60 年代后期，随着寿险精算方法在对病人个体死亡风险概率的量化估计中的大量应用，所有产生量化健康风险评估的必要条件即准备就绪。
　　1970 年，Robbins 和 Hall 针对实习医生共同编写了《如何运用前瞻性医学》（How to medicine）手册，提供了完整的健康风险评估工具包，包括了问卷表、风险计算以及反馈沟通方法等。至此，为健康风险评估的大规模应用和研究发展奠定了基础。
　　自从2021年开始，国内陆续从国外引进了健康风险评估系统。因为中美两国在人种、流行病学、经济、社会环境等各方面存在着差异，所以引进这种系统之后，本地化非常重要。目前在国内比较成熟的健康管理系统有两个，一个是医博士 Dr.Med 健康自我管理系统，另外一个是新生代健康风险评估系统。两个都不错，前者整合了国外多个健康管理系统；后者主要是美国密歇根大学健康管理系统的引进版。由于国内的健康风险评估刚刚起步，属于新的领域，国人还不太了解它的好处，所以目前最主要的问题是如何在国内推广健康风险评估，使之真正成为改善健康的工具。

二、职业健康监护的目的

职业健康监护是监测职业病危害因素对劳动者健康的影响,及时发现健康损害和职业病患者,对劳动者的健康进行动态观察。通过健康监护,掌握职业危害因素的特点,早期发现职业病危害因素对劳动者健康的影响,筛选职业禁忌人群和疑似职业病患者。从这个意义上讲,职业健康监护不仅能早期筛选职业病病人,而且能起到预警作用,有助于职业病的防治。

职业健康监护的目的是早期发现职业病、职业健康损害和职业禁忌证;跟踪观察职业病及职业健康损害的发生、发展规律及分布情况;评价职业健康损害与作业环境中职业病危害因素的关系及危害程度;识别新的职业病危害因素和高危人群;进行目标干预,包括改善作业环境条件,改革生产工艺,采用有效的防护设施和个人防护用品,对职业病患者及疑似职业病和有职业禁忌人员进行处理与安置等;评价预防和干预措施的效果;为制定和修订卫生政策和职业病防治对策服务。

三、开展职业健康监护的界定原则

职业病危害因素是指在职业活动中产生和(或)存在的,可能对职业人群的健康、安全和作业能力造成不良影响的因素或条件,包括化学、物理、生物等因素。定期职业健康检查分为强制性和推荐性两种,不是所有职业危害因素都要进行检查,其必须是国家颁布的《职业病危害因素分类目录》中的危害因素,有如下原则:

① 该危害因素有确定的慢性毒性作用,并能引起慢性职业病或慢性健康损害;或有确定的致癌性,在暴露人群中所引起的职业性癌症有一定的发病率。

② 该因素对人的慢性毒性作用和健康损害或致癌作用尚不能肯定,但有动物实验或流行病学调查的证据,有可靠的技术方法,通过系统地健康监护可以提供进一步明确的证据。

③ 有一定数量的暴露人群。

④ 只有急性毒性作用和对人体只有急性健康损害,有确定的职业禁忌证,上岗前执行强制性健康监护,在岗期间执行推荐性健康监护。

⑤ 对《职业病危害因素目录》以外的危害因素开展健康监护,需通过专家评估后确定。

⑥ 有特殊健康要求的特殊作业人群应进行强制性健康监护。

四、职业健康监护档案

1. 个人职业健康监护档案

企业应当为每位接触职业病危害的作业人员建立个人职业健康监护档案,并按照有关规定妥善保存。职业健康监护档案包括下列内容:

① 劳动者姓名、性别、年龄、籍贯、婚姻、文化程度、嗜好等情况。

② 劳动者职业史、既往史和职业病危害接触史。

③ 历次职业健康检查结果及处理情况。

④ 职业病诊疗等健康资料。

⑤ 需要存入职业健康监护档案的其他有关资料。

劳动者离开单位时,有权索取本人职业健康监护档案复印件,企业应当如实、无偿提供,并在所提供的复印件上签章。

2. 企业职业健康监护档案

企业应当建立企业的职业健康监护档案,并按照有关规定妥善保存。企业职业健康监护档案内容包括:

① 企业职业卫生管理组织机构、职责。
② 企业职业健康监护制度和年度职业健康监护计划。
③ 历次职业健康检查的文书,包括委托协议书、职业健康检查机构的健康检查总结报告和评价报告。
④ 工作场所职业病危害因素监测结果。
⑤ 职业病诊断证明书和职业病报告卡。
⑥ 企业对职业病患者、患有职业禁忌证者和已出现职业相关健康损害作业人员的处理和安置记录。
⑦ 企业在职业健康监护中提供的其他资料和职业健康检查机构记录整理的相关资料。
⑧ 职业卫生监督管理部门要求的其他资料。

生产企业尤其要关注流动作业人员的职业健康问题,要防止职业危害转嫁,保障流动作业人员的职业健康,杜绝职业健康监护的盲点。

五、职业健康监护档案的保存

职业健康监护档案是职业病诊断鉴定重要依据之一,也是有关案件审理的重要物证。因此,内容必须连续、动态、准确、完整、简要。

用人单位应当按规定妥善保存职业健康监护档案。

劳动者有权查阅、复印其本人职业健康监护档案。劳动者离开用人单位时,有权索取本人健康监护档案复印件;用人单位应当如实、无偿提供,并在所提供的复印件上签章。

健康监护档案应妥善保管,其保存期应视具体情况而定,接触矽尘和致癌物作业的职工,其档案应保存至职工离职后 30 年,放射工作人员的档案应保存至职工离职后 20 年,其他职工的档案应保存至离职后 5 年,在职期间死亡职工的档案应永久保存。因破产、兼并原因终止经营活动的用人单位,其职业健康监护档案按国家档案管理有关规定处理,不得自行转让、销毁。

建立健全职业卫生档案是用人单位职业卫生管理的一项重要内容。完善的职业卫生档案有助于用人单位全面掌握本单位的职业卫生资料信息,指导职业卫生工作,掌握和提供第一手资料,为作业环境评价、职业病诊断、职业病危害因素控制、加强职业安全卫生监督管理提供可靠依据。根据《中华人民共和国职业病防治法》第二十条"用人单位应当建立、健全职业卫生档案"。

职业卫生档案采取分级管理制。

直属企业及二级单位职业卫生档案应包括如下内容:

① 发展简史。
② 一般生产情况,包括主要生产装置,主要原料、产品、副产品,年设计产量等内容。
③ 职业病防治工作领导小组,管理组织机构,管理网络。
④ 职业卫生管理制度。
⑤ 职工的基本情况,包括职工总人数,生产及非生产人数,接触各类职业病危害的

人数。

⑥ 职业卫生技术人员、职业卫生行政管理人员、气防人员基本情况。

⑦ 平面布置图。

⑧ 生产工艺流程图。工艺流程图用方框标明工序，用箭头标明方向，各工序产生的有害因素均须用箭头标明进出方式，并注明有害因素名称。生产工艺中其他的有害因素均应在流程图下列出。

⑨ 接触职业病危害因素（在册、非在册）人员分布情况，包括职业病危害因素名称，接触岗位，各岗位直接接触、间接接触的在册和非在册人数，及有害因素变化规律，有无防护措施等内容。

⑩ 工作场所职业病危害因素检测汇总表，包括定期检测的各种有害因素的名称，测定的车间、岗位、点、样品数，及覆盖率、检测率、合格率等。超标有害因素汇总表，包括超标有害因素名称，超标厂、车间、岗位名称，测定样品数，超标样品数，测定最高、最低及平均值等内容。

⑪ 工作场所检测结果评价报告（每年一次），对各厂职业危害因素检测结果作客观评价。

⑫ 体检工作量统计情况，包括各单位每年应检、实检人数，受检率；接触毒物、粉尘、噪声、射线、高温等有害因素应检、实检人数，受检率等统计数据。

⑬ 职业病登记表、职业病报表。职业病发病情况每季度统计一次，报表主要内容包括厂、车间（装置）名称，新诊断职业病人姓名，工种、岗位，急性或慢性职业病名称、程度，诊断机构、诊断时间等内容。

⑭ 新建、改建、扩建项目预防性卫生监督登记，内容包括单位名称、年度、建设项目名称、类别、总投资金额，可能产生的主要职业危害因素，卫生防护设施，设计审查意见，竣工验收结论等内容。

⑮ 其他有关内容。

基层单位职业卫生档案包括以下内容：

① 发展简史，包括装置的设计、施工情况，工艺改造，改、扩建情况等。

② 一般生产情况，包括主要生产装置，主要产品、副产品，年设计产量等内容。

③ 人员概况，包括各岗位名称，在册、非在册人数，接触有害因素名称，倒班方式等内容。

④ 平面配置图，平面配置简图，图中标明有害作业点、气体放空位置、排入下水道位置、噪声源、放射源、监测点等。

⑤ 工艺流程图，以方框图表示，工艺流程图用方框标明工序，用箭头标明方向，凡工序产生的有害因素均须用箭头标明，并注明有害因素名称。生产工艺中其他的有害因素均应在流程图下列出。

⑥ 物料平衡表，生产车间职业卫生档案中应包括物料平衡表，内容包括投用物料及产品、副产品名称，数量，年用量，使用方法，产品、副产品，"三废"去向等。

⑦ 主要产生职业危害的设备登记，包括设备的名称、功率、产生职业危害名称、产生形式、产生位置等。

⑧ 监测点登记，包括尘、毒、噪声、高温、微波、放射源监测点登记表，监测点编号、名称、职业危害因素名称。

⑨ 卫生防护设施登记，包括卫生防护设施的项目名称，竣工年月，投资金额，被控制有害因素的名称，控制效果，使用情况，维修情况等。

⑩ 个人卫生防护用品发放及使用情况登记,包括个人卫生防护用品的名称、型号、数量、发放情况、使用情况等。

⑪ 有害因素检测结果及评价,包括尘、毒、噪声、高温、微波、放射源等定期监测结果及检测结果评价。

⑫ 体检结果一览表及结果评价。由承担职业健康体检的单位反馈给受检单位的职工职业健康体检结果一览表及结果评价。

⑬ 体检结果处理表。由承担健康体检的单位反馈给受检单位,列出体检中检出的职业病、职业病观察对象及职业禁忌证患者的体检结果、诊断及处理意见等。

⑭ 职业病登记表,包括被诊断为职业病患者的姓名、性别、年龄、工种、接触有害因素情况、职业病名称、程度、诊断等处理内容。

⑮ 恶性肿瘤及死亡病例登记。

⑯ 急性职业中毒事故登记,包括中毒事故发生的车间名称,具体位置,发生中毒的时间,发生中毒时正在进行的操作,引起中毒的毒物名称,同时接触总人数,同时发病人数,现场急救处理措施;发病人员姓名,主要症状,诊断,结果;空气中毒物浓度测定结果,中毒原因分析,以及其他有关情况。

六、收集要求和考核

1. 职业卫生档案收集及复核

职业卫生档案应按照技术档案要求建立。职业卫生档案可以由企业职业卫生技术人员指导、协助,由职业卫生管理部门建立。职业卫生档案各项内容应真实可靠。各级职业卫生档案应设专人管理,并有专室专柜存放;职业卫生档案只能由有关人员因工作需要按档案管理规定查阅,其他人员无权随意查阅。

职业卫生档案每年度复核一次,当人员、生产工艺等有较大变化,或有新增的内容时,应随时更新档案内容;检测结果、检测评价报告及检测汇总表,体检结果及结果评价、结果处理等资料,在每阶段工作完成后及时加入职业卫生档案中;职业卫生档案为永久性保存。

2. 职业卫生档案考核

集团公司的职业卫生管理部门负责对所属单位职业卫生档案进行检查考核,督促各级档案管理部门及时复核、更新、完善有关内容;对职业卫生档案缺乏、不健全或不及时更新的单位,提出批评,并责令限期改正,检查结果作为对各单位职业卫生工作的考核指标之一。二级单位职业卫生管理部门负责本单位职业卫生档案的检查考核。

本章小结 职业体检分上岗前、在岗期间、应急期间、离岗时的健康检查。责任关怀的管理中甚至希望能做到离岗后的医学随访。对员工的健康状况档案进行收集、分类、分析、整理、归档才能够有的放矢地做好职业健康监护。

拓展阅读

职业病防治扑克的设计

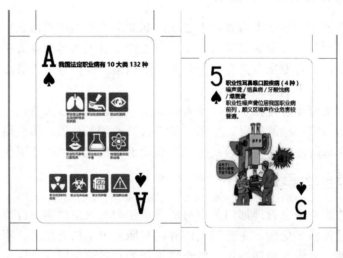

职业病防治任重道远，你还能想出其他的在日常生活中宣传预防职业病的好方法吗？

思考题

1. 如何理解"危险"与"风险"？
2. 健康风险评估的意义是什么？
3. 直属企业及二级单位职业卫生档案应包括哪些内容？
4. 基层单位职业卫生档案应包括哪些内容？

第七章 教育和培训

第一节 企业实施职业健康教育

职业卫生工作的服务对象是劳动者,因而职业人群的健康教育是健康促进的重要实施手段,对职业人群进行健康促进规划,是职业卫生服务的一项重要内容。要根据不同职业人群的职业特点,针对所接触的职业危害因素进行卫生知识和防护知识的教育,以使个人和群体都能树立和提高自我保健意识水平,从而促使其自觉主动地采取预防措施,防止各种职业危害因素对健康造成损害。

《职业病防治法》明确规定:用人单位应当对劳动者进行上岗前的职业卫生培训和在岗期间的定期职业卫生培训,普及职业卫生知识。因此,开展职业健康教育,亦是企业应承担的法律义务。

一、职业健康教育目的和基本内容

1. 目的

① 让劳动者了解自己周围的环境,包括生活和生产环境,可能接触的各种职业病危害因素及其对自己的影响,个人的行为和生活方式在环境中的作用;

② 了解上述环境因素及个体因素对健康的不良作用、影响性质和影响程度及其控制方法;

③ 了解并参与改善作业环境及作业方式,控制影响健康的因素,自觉地实施自我保健,促进健康。

2. 基本内容

《职业病防治法》第三十四条明确规定了企业负责人和劳动者必须接受职业卫生培训。其基本内容如下。

(1) 职业卫生法制教育 内容包括国家、政府所颁布的职业卫生法律、法规和劳动保护、劳动安全政策,企业的职业安全卫生方针、规章制度和安全操作规程等。

用人单位负责人在职业病防治中承担主要责任,应当接受职业卫生培训,自觉遵守职业病防治法律、法规,依法承担本单位职业病防治工作的责任。

劳动者要提高自我保护意识,自觉抵制违反法律、法规的行为。劳动者有义务接受职业卫生知识培训、学习和掌握相关的知识,有义务遵守职业病防治法律、规章和操作规程,正确使用、维护防护设备和个人防护用品,及时发现并报告职业病危害事故隐患。

（2）职业卫生教育　劳动者有对危害及如何预防的"知情权"。劳动者"参与"与"知情"是健康促进的基本内容,也是健康教育的主要目的。

劳动者要了解常见职业危害因素及其引起的职业病、工伤、工作有关疾病,对人体健康有潜在影响的各种因素和有关的防治知识。劳动者要接受对职业病危害因素的识别、评价、控制、预防和教育,防护设施和防护用品的使用、维护,现场自救互救技能的培训等。

企业应根据《职业病防治法》的规定,采取各种方式,如上岗前和在岗时培训、物料安全资料、警示公告等,使职工全面了解其所从事的作业中可能存在的职业危害因素及防护救治技术,以使职工能积极主动参与对有害因素的控制,有效施行自我保护。

（3）三级预防教育　职工掌握"识别"工作场所可能存在的职业危害因素的知识,目的在于控制和预防。因此必须让职工和管理者确立"预防为主"的观念,全面了解"三级预防"的原则,掌握职业危害发生的"作用条件",由预防着手,从根本上消除或控制职业性有害因素,创造安全、卫生的作业环境,加强健康监护和应急救援措施,防止职业危害发生。

"三级预防",从职业危害的防治出发,分为"病因学预防""临床前期预防""临床预防";企业职业卫生工作的重点是对职业性有害因素的控制,在基层企业,"三级预防"应针对职业性有害因素的不同控制层次采取相应措施。

（4）职业心理健康教育　职业危害不仅包括作业环境中的生物、化学、物理因素,还包括心理方面的因素。心理因素可来自家庭、社会和作业环境,其中不良作业环境和条件是造成心理紧张的主要原因。与作业环境有关的不良心理因素包括工作超负荷、工作量不足、作业管理不善、职业得不到保障、付出与报酬不平衡、工作单调、轮班制工作以及工作环境周围的人际关系等。心理与精神方面的不良因素虽然不能引起概念明确的职业病,但由此引起的与紧张有关的疾病却可造成劳动者相应的生理、心理和行为方面的不良反应,以致作业能力下降,甚至诱发高血压、溃疡病、失眠、工伤等。当前由于生活与工作节奏快,"强胜弱败"的竞争压力,致使一些人产生焦虑、抑郁、愤怒、不满以及沉溺于烟酒、吸毒等。因此,完善的职业健康教育应将职业心理健康教育列为重要内容,把健康教育、心理疏导、身心锻炼以及生物反馈综合起来,作为促进职工健康的重要措施,提高人群对付紧张的能力。

（5）一般健康教育　劳动者的生活环境、行为与生活方式、习惯都可影响职业人群的身体健康。饭前便后洗手不单可阻止细菌"病从口入",对从事许多尘毒作业的工人来说,也是减少发病的重要环节。吸烟可增加接触铬、镍、石棉和砷的工人诱发肺癌的危险性;从事粉尘和刺激性气体作业工人的小气道损害,吸烟者比不吸烟者严重得多;橡胶厂工人吸烟者患肺癌的危险性比不吸烟者大5.5倍。这些调查与统计,充分证明对职业人群加强戒烟教育的重要性。过量饮酒不仅容易导致缺勤、劳动生产力下降、工伤及其他意外事故,还可促进接触亲脂性毒物的工人较早发生中毒性肝病和肝癌,加重这些工人的肝脏损害。因此,戒酒教育是这些工人职业性健康教育的重要内容。另外,合理的营养、正确的卫生习惯、公共安全及意外事故伤害的预防等教育，有利于职业人群的健康促进，都应列入健康教育的内容，对女职工还应开展妇女健康教育。

二、职业健康教育的实施

将职业卫生和职业病防治工作纳入用人单位的管理体系和发展规划，落实教育计划、人员和经费。

1. 推广适宜技术，改善作业环境

职业健康水平的提高或职业病发病的下降，关键在于作业环境的改善及有害作业点的技术改造。因此在计划的实施过程中需要根据不同行业、不同作业的特点，在健康促进策略的指导下，实行跨部门协作，总结和推广各种适宜的治理技术。

2. 计划实施的主要原则

（1）生动而准确的原则　所谓生动即指教育方法应具有艺术性，这样才能让职工容易接受；所谓准确即指教育内容的科学性。由于职业卫生内容繁杂、特殊，从事健康教育者要结合企业实际，提出阶段性主题，才能准确有效地对群众实行指导。

（2）职业安全教育与健康教育相结合的原则　安全问题是企业突出的问题，许多职业安全与职业卫生问题往往交叉在一起，因此将职业安全教育与职业健康教育有机地结合，将节约人力、物力、时间并收到良好效果。

（3）分类教育的原则　由于职业危害是在劳动过程中产生的，国家有关法规规定了企业的责任。健康教育工作应掌握的原则是对职工既说明职业有害因素对健康的危害及防护措施，又避免过分强调职业危险因素的存在而影响正常的生产。对企业领导，应根据《职业病防治法》要求，促使企业严格执行国家的有关法规，积极改造劳动环境及条件，改进生产工艺，最大限度地减少职业危害对职工健康的影响，以保护劳动者健康为主要目标。

3. 计划实施的具体方法

根据不同企业的职业卫生问题，可采用不同形式和不同内容进行教育。其形式如板报、漫画、宣传手册等；有条件的单位可在车间休息室播放录像，或充分运用企业社区的闭路电视播放健康教育节目；利用企业领导工作会议机会，发放宣传资料、播放录像或小讲座等也是比较有效的形式；对新上岗或换岗工人要进行有关的职业卫生教育培训，使之一开始就掌握必要的自我防护技能。医务人员随时教育也有很好的效果，可利用职业病患者在住院、门诊时给予教育，然后通过他们再教育其他工人。胜利油田在开展企业职业健康教育方面取得了一些经验。常年坚持职业卫生宣传教育两手并举，卫生、安全部门联合举办全局多种经营企业厂长经理职业安全卫生管理培训班、职业卫生建档与体检学习班及职业卫生劳动保护与医学培训班等。为企业领导讲授职业卫生法律、法规及防治知识，同时职防人员还经常深入工厂、车间开展法律、法规及相关知识的宣传培训，进一步增强了各级领导法治观念和职工的自我保护意识，提高了自救互救能力，减少了职业病的发生。

三、职业健康教育考核

职业健康教育考核能及时地反映健康教育工作的开展情况和实施效果，对进一步改进健

康教育工作有着重要的意义。考核应包含以下几方面：
① 是否有健全的职业健康教育管理制度和机构，经费是否得到保证。
② 职业健康教育的内容是否切合实际，符合要求。
③ 员工上岗前、在岗期间及以后是否受到相应的培训。
④ 考核和评估企业员工的职业卫生知识水平和技能。
⑤ 考核职业健康教育的实际效果。

对职业有害因素的强度及其可能对健康造成损害的危险程度，还必须通过生产环境监测、生物监测和健康监护等进行综合分析评价和估测。这可为及时采取相应的防治措施、制订和修订卫生标准以及指导今后的预防工作提供可靠依据。

第二节　高校实验室安全与健康管理

坚持"以人为本，生命至上"是高校管理者管理实验室安全与健康的基本原则。高校管理者需要有极强的法律意识，在遵守国家法律、法规的基础上，根据高校和各实验室具体情况制定各项规章制度及实施细则。制度条款非常具体清楚，应就实验室设计布局、实验室安全设施的设置及使用方法、实验室家具的选择及物品的存放使用、安全标志的设置、实验室管理机构设置及各管理者的职责、实验室安全培训内容及程序、实验室个人防护装置、实验室废弃物的分类收集与处置、实验标准操作规程及紧急处理程序等方面逐一列出，通过规章制度来约束人的行为，从而达到保护人的目的。

一、实验室设计布局合理，安全设施齐全

1. 实验室设计布局

在实验室设计建设和设备布置时，遵循"绿色"的设计理念。根据实验室功能要求按相关的实验室设计规范和手册进行设计、建造、布局和功能分区。如实验室选址、风向选择、通风状况及通风设备选择、安全通道、安全报警系统、消防设施、用电负荷及实验设备所需的插座数量、插座类型都需严格控制，不能留有安全后患。

在以往的实验室安全事例中，有很多是因为实验室在设计之初考虑的用电负荷和连接插头不够，造成后续使用时需要接插线板或超负荷运行，从而造成电路短路引起火灾等安全事故。因此实验室交付使用之前必须经过验收，达到安全的使用标准。

布局上，应该充分考虑实验设备的特殊要求，防止因布局不当造成安全及使用上的麻烦。同时应该考虑实验室建筑面积的要求，不能过于拥挤，需留有足够的人行及疏散通道。超载的实验室也不利于空气的交换，影响室内空气质量。

在专业的科学实验室设计过程中，主张采用"模块化"的专业设计理念，将各个较为独立的功能区设计成标准单元，再将各个不同的功能区进行拼装即可，这样既能充分满足每一单元的特殊要求，如某些生化实验室有污染区单元、某些区域的照明有特殊要求等，同时也加快了实验室建设进程。

2. 实验室安全硬件设施建设

（1）消防通道及消防装置　火灾是实验室安全与环境问题中需要考虑的首要因素，因此所有实验室都必须设有规范的消防设备，包括消防工作人员操作的专用消防系统和普通实验人员易于使用的泡沫灭火器、无障碍的消防通道、消防报警装置等，实验室及楼道里必须有醒目的安全出口指示、应急照明及快速疏散图。万一火灾发生时，室内人员能在第一时间，小范围控制火势，或以最快的速度逃离火灾现场。

（2）安全防护及应急设备　美国实验室内都必须设置取用方便且易于操作的安全防护及应急设备，如必须设置易于操作的紧急淋浴龙头、紧急洗手龙头和眼睛冲洗龙头。实验室门口都必须设有安全防护眼镜和急救箱。箱内备有止血、伤口消毒和紧急包扎工具用品，还有眼药水、烧伤软膏、紧急联系手册等，在实验人员不小心受伤或身上溅到危险药剂或被污染的时候，能在最短的时间内进行处理，防止造成进一步的伤害。另外在有化学品和产生火焰的实验室内必须装有安全通风橱，某些产生挥发性气体或需要通风的实验操作必须在安全通风橱内完成。

（3）实验室家具的选择与布置　实验室家具设计、材料选择及物品的摆放都必须有安全及工效学依据。首先，所有实验室家具的选择必须满足安全要求，如：装易燃品的柜子一律是铁皮柜，且喷成黄色油漆，在柜门上写上易燃和远离火源的红色的醒目标记，且一般放在靠近门口的地方；存放酸碱等腐蚀性化学用品的橱柜必须具有很好的耐腐蚀性且需要在通风橱下方；接触微生物的生物安全柜必须考虑污染物的存放和防感染的相关设施。即便是实验室用的普通操作台、便携式推车、桌椅等都应该有工效学依据，在满足安全及使用功能的同时提供方便、舒适、灵活的使用条件，最大限度地减少危害，保护实验室人员的健康与安全，同时提高使用者的工作效率。

3. 安全标志的设置

设置安全标志是美国安全文化和安全意识的一个重要体现，在所有危险和需要引起注意的地方都张贴着醒目且规范的安全标志或安全告示。实验室的门上设有安全告示、环境健康安全信息，如严禁带食物饮料进实验室、禁止抽烟等，另外还张贴有紧急联系人名字和电话，所有实验设备旁都贴有安全告示及使用注意事项。在安全培训过程中，熟悉安全标志是一项很重要的内容。

二、机构健全，培训到位，监管有力

安全硬件设施建设是实现实验室安全与健康的前提，但是仅有硬件建设是不够的，再好的安全设施也无法保障实验室工作人员远离危险与伤害，要从根本上杜绝或减少意外安全事故的发生，只能靠软件建设，即人的管理。一方面，通过高校管理者制定各项实验室制度，并通过各级管理机构将制度落实执行；另一方面，通过宣传教育普及安全与健康知识，以及通过入学安全教育及日常培训，在高校师生中形成安全文化，自觉地将安全与健康知识应用于实验室工作中，从而保护进入实验室人员的人身安全与健康。

1. 建立多层次的健康与安全管理机构，制定并执行规章制度

高校都成立了主管校长负责制的实训实验中心，由该中心全面负责校园环境健康与安全

事宜，包括制定各项安全健康管理规章制度、通过官网提供安全与健康知识、制定适合不同专业的培训计划及制作在线培训教学视频、日常的安全巡视、危险品登记管理、实验室危险废弃物的集中收集处置、紧急情况的处理、定期的实验室安全检查、不定期应急演练等。此外，院系有人事代表，楼栋有安全联络员，每个实验室有专门负责人，每个学生和员工有直接监护人（一般是导师），形成自上而下的强硬、严格的管理团队。团队中各级岗位职责范围明确，保证规章制度的落实执行。高校从每年的财政预算里拨出足够的经费用于环境安全与健康领域，保证安全系统及管理的正常运作。

2. 形成规范、细致的逐级培训体系

岗前教育培训是预防安全事故与防止健康伤害最有效的方法。系统细致的培训不仅可以使新员工及学生形成安全意识，熟悉工作环境中可能存在的危险及个人防范措施，同时通过安全培训掌握必要的安全设备操作技能及应急处理方法，规范实验操作程序，防止意外的发生。高校实验室新员工及学生在进入实验室及使用实验装置前，必须经过严格的多级培训过程。下面以作者所在的生化综合实验室为例谈谈美国高校实验室新员工岗前培训程序及安全文件的签署。

新员工或学生报到时：

第一步须逐个先到系里人事代表处进行岗前介绍与培训。人事代表会准备一式三份的标准培训文件，就实验室安全计划、安全与健康手册、系里的实验室标准操作程序如意外事故的汇报、医疗程序等逐条进行解释，并仔细询问个人的健康安全信息，如过敏史和医疗状况等，并做详细记录，然后进行评估，确认后双方签字。

第二步是到楼栋安全联络员处培训。安全联络员专门负责某楼栋的安全设施管理及安全培训，如告知实验室所在楼栋的报警系统、员工在紧急情况下的处理程序、消防设施如便携式泡沫灭火器的使用方法、紧急逃生通道及逃生方法等，同时安全联络员还会讲解实验室用水、用电安全，危险化学品处置运输及用车登记制度等安全注意事项。经过安全联络员培训签字后，再到直接监护人处接受培训。

第三步接受导师的培训。导师是直接责任人，对学生及身边工作人员的安全与健康负有直接责任，因此导师会引导新员工或学生确定将来所在的工作区域，明确工作中需接触的仪器设备及药剂等，导师还会根据自己给学生所选课题及实验内容确定需要进一步培训的项目。确定好培训内容之后，根据导师要求到学校实验实训中心网站进行在线培训。中心已将全校各实验室所需的培训内容按模块整理成教学视频、图像或文字材料等，进网站后只需输入个人身份信息、导师信息及所在实验室，选择你需要的模块进行培训学习，也可以预约到中心办公室现场培训。培训完每一模块内容后都会弹出一份测试卷以检验培训者是否已掌握所培训内容。规定了通过的分数要求，一般必须达到 80 分以上，有些项目要求达到 90 分。测试通过后中心系统会将测试成绩发到个人和导师邮箱，如果未达到要求则需重新培训，直到通过测试为止。

第四步，通过测试之后，新员工或学生还需到所在实验室专门负责人处接受最后的培训。首先负责人会带领新员工参观所在实验室工作区域，讲解实验室规程，指导新员工熟悉本实验室安全应急设施及使用方法，读懂安全标志，告知本实验室所需个人防护装备，如：进实验室前必须将长发扎起来，避免长发卷进实验仪器或机械设备；不许戴首饰；进实验室一定要戴防护眼镜，穿防护外套，做实验时一定要戴防护手套；不能穿裙子，短裤和露出脚趾头

的鞋子等。如实验有特殊要求时，需严格按要求进行个人防护，如：有噪声和震动的地方需用耳塞，在有可能落物或有障碍物的地方进行实验需要戴安全头盔，在氧气稀薄的地方或可能产生有毒有害挥发性物质的地方需要戴呼吸面罩，在野外作业的实验必须穿着亮色的工作外套等。开展实验前应该对实验过程中可能存在的风险进行有效评估，确认危险和伤害在人为可控的范围后才能开展实验，确保不会因为防护不当造成身体的伤害。然后学习本实验室所用仪器的说明书及使用方法，阅读实验室安全手册及实验室标准操作规程、实验室药品的材料安全数据表（MSDS），以及生化及危险物品如压缩气体罐的存放、运输及使用要求，实验废弃物的收集管理，如生物垃圾的收集与预处理、尖锐物如针头的收集、碎玻璃的收集及处置、有毒有害化学品的收集存放等。所有的培训完成后，负责人会在安全培训文件上签字，然后将文件返回系人事代表处。

系里、导师及个人各保留一份有人事代表、楼栋安全联络员、实验室负责人、导师及本人签字的安全培训文件，归档保存，这时才能领到实验室的钥匙。第一次实验时必须有熟练员工的示范指导，每次实验时必须有 2 人以上在实验室，下班后的时间绝不允许单独在实验室开展实验操作。

除了对新员工的岗前培训外，每年的在岗安全与健康再培训也是管理者和实验室工作人员的重要课程。随着科学技术的不断进步，新的科研课题不断出现，各种新设备、新材料、新化学药剂不断应用，实验室健康与安全面临新的挑战，如：随着纳米技术研究的不断深入，实验室纳米粉尘的潜在毒性开始引起了人们的密切关注；由于新病毒的出现，研究这些新病毒的生化实验室面临新的生物安全问题等。因此要求实验室管理人员及工作人员不断升级自己的安全健康知识，了解最新的实验室危险因素及正确的安全防范措施。

3. 强化日常管理，开展定期的安全核查和不定期的安全应急演练

高校实验室日常管理非常规范，实验室负责人认真负责，其除了负责本实验室新员工培训外，还会经常性地检查实验室工作人员的日常操作，如发现任何违规行为，会及时纠正。比如有时学生未按规定使用个人防护装置，未及时清理实验垃圾或清洗实验用具，负责人都会及时指出并督促改正。另外，实验室档案的归档整理也是负责人的一项重要任务。实验室档案管理非常规范，在实验室的档案柜里有实验室安全管理的各项规章制度，如"实验室日常管理规程""实验室安全手册""仪器设备目录及使用说明""实验室化学药剂目录及 MSDS""实验室危险物品登记册""实验标准操作程序""实验室应急处理程序"等，还有实验室长期的维护记录。作者所在实验室保存有实验室成立以来所有重要的管理文件，包括日常管理记录、重要的会议记录、安全检查的清单、整改记录及所有当事人签名，按时间顺序整理归档。

除了强调日常管理外，定期全面的实验室安全检查也是美国高校实验室管理的重要特点。高校实验实训中心每隔一段时间都会按标准的安检清单对各实验室进行逐项检查。标准清单涵盖了实验室所有的安全设备及安全管理要求，每检查完一项确认没有问题之后由所有当事人签字，如发现任何问题或健康安全隐患，则列出问题的具体情况，并提出书面的整改意见及时间要求，督促有关部门及个人在规定时间内进行整改，检查达到要求后签字，然后将所有的检查及整改记录归档备案。通过安全检查，及时发现实验室安全设备的问题和实验室管理中的漏洞及安全健康隐患，及时维护整改，消除潜在风险，确保实验室安全设备的正常工作状态及实验室人员的安全与健康。

此外，不定期的应急演练在高校实验室管理中发挥了很重要的作用。高校安排的应急演练不会提前通知，在演练过程中，当警报响起，实验室负责人会督促工作人员赶紧停下手中的事情，快速离开现场并从紧急通道有秩序地走出实验室，来到户外。楼栋安全联络员则会按自己的岗位职责进行安全排查，并引导大家远离危险区域。通过应急演练，不仅可以提高实验室工作人员的安全意识，更能熟悉应急处理程序，一旦紧急情况发生时，不至于慌乱。

4. 严格做好事故后的紧急处理与报告制度，充分发挥相关职能部门的监管职能

高校实行事故的紧急处理与报告制度。每个实验室都备有紧急处理程序小册子，置于电话机旁，内有紧急情况联系方式及处理方法。一般封面采用梯度设计方案，标题内容能直接在封面层找到，万一实验室事故发生，使用者可根据事故类型快速翻到所需信息，争取处理时间。另外快速报告也是实验室安全管理的要求，高校实验实训中心已设计有标准的事故报告程序及报告表格。事故发生时，必须由当事人、直接监护人第一时间如实填写事故报告，以备事故调查和依法处理。

本章小结　高校培养的学生必然是未来企业的员工，对这两类组织进行职业健康安全的教育和培训，必然也贯穿于整个职业人的一生。坚持"以人为本，生命至上"是管理者们对职业健康安全管理的基本要求。

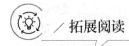

拓展阅读

美国得克萨斯州理工大学实验室爆炸事故分析

2010 年 1 月 7 日，美国得克萨斯州理工大学（简称得州理工大学）化学与生物化学系实验室发生了爆炸，爆炸导致 1 名毕业生失去了 3 根手指，手和脸部被烧伤，一只眼睛被化学物质烧伤。

一、爆炸事故经过

美国得州理工大学有 11 个院系，在校人数超过 31500 人，其中化学与生物化学系有 140 名毕业生和研究生，225 名在读学生，26 名教师和 19 名职员。事故发生时，化学与生物化学系 1 名 5 年级学生与 1 名 1 年级学生正在进行合成高氯酸肼镍衍生物（NPH）课题实验，通常为了表征新合成的高氯酸肼镍衍生物（NPH）物质活性，需要进行示差扫描量热分析、落锤冲击性、热重分析等试验。而每次合成实验得到的反应物一般在 50～300mg，为了避免多次合成，两名学生在没有咨询首席研究员的情况下，擅自放大合成实验规模，一次性得到了

10g NPH。在实验过程中,两名学生发现少量的 NPH 与水和乙烷作用,不会发生燃烧和爆炸反应,因此他们基于经验判断:更大量的 NPH 的危害性与少量的 NPH 是一样的。在放大合成实验后,5 年级学生发现,NPH 产品呈块状,为了得到规格一致的 NPH 颗粒,他将合成得到的 1/2 产品,约 5g 转移至研钵中,加入乙烷,并使用搅拌棒轻轻搅拌分离块状产品。在最初分离块状产品过程时,这名研究生佩戴有护目镜,但在完成分离试验后,脱下护目镜并走开,等再次回到水泥器皿旁时,在没有再次佩戴上护目镜情况下,又再一次对样品进行了搅拌,此时,爆炸发生了,爆炸造成这名学生失去 3 根手指,手与脸也造成不同程度的烧伤,一只眼睛受伤。

二、爆炸原因分析

美国化工安全与危害调查局(CSB)在调查过程中不仅调查事故的直接原因,而且要研究事故背后的组织、公司等层面可能存在的问题。

CSB 根据物证、现场情况、采访证人,认为美国得州理工大学实验室爆炸事故有六方面原因:一是美国得州理工大学研究工作中,对物质本身危害性没有得到有效评估和控制;二是美国得州理工大学实验室安全管理程序只是沿用美国职业安全与健康管理局(OSHA)《实验室危害化学品工作场所暴露标准》,而此标准旨在处理危害化学品暴露环境中对身体健康危害,而没有关注化学品物质危害;三是没有现行针对研究实验室环境的综合危害评估指南;四是美国得州理工大学以前发生的实验室不安全事故,本可以从中得到预防事故再次发生的经验,但没有得到书面记录、追踪,且没有在校园内进行正式的交流;五是截至本次爆炸事件发生时,研究捐款资助机构、美国国土安全局(DHS),对研究工作没有提供任何具体安全要求,以致失去了对安全进行影响的机会;六是美国得州理工大学首席研究员,院系以及大学在安全职责和安全监督方面存在不足。

BP 美国得克萨斯州炼油厂火灾爆炸事故

2005 年 3 月 23 日中午 1:20 左右,BP(英国石油公司)美国得克萨斯州炼油厂的碳氢化合物车间发生了火灾和一系列爆炸事故,15 名工人被当场炸死,170 余人受伤,在周围工作和居住的许多人成为爆炸产生的浓烟的受害者。同时,这起事故还导致了严重的经济损失。这是过去 20 年间美国作业场所最严重的灾难之一(注:BP 得克萨斯州炼油厂隶属于 BP 北美产品公司,是 BP 公司最大的综合性炼油厂,每天可处理 46 万桶原油,每天生产汽油产量约占整个美国汽油销售总量的 2.5%)。爆炸发生后,CSB(美国化工安全与危害调查局)随即于 3 月 26 日成立了专门调查小组,并于 4 月 1 日正式进驻 BP 在得克萨斯州的炼油厂。CSB 于 2005 年 8 月 17 日发布了新闻公报,公布了对 BP 公司得克萨斯州炼油厂系列爆炸事故的初步调查结果。

一、事故原因分析

1. 直接原因

异构化装置主管的失职和值班工人没有遵循书面程序的规定操作是事故发生的直接原因。具体表现在:

（1）误操作　操作工在异构化装置安全操作管理系统（ISOM）开车前误操作，造成烃分馏液面高出控制温度 3.9℃。

（2）粗心大意　操作工对阀门和液面检查粗心大意，没有及时发现液面超标，结果液面过高导致分馏塔超压，大量物料进入放空罐，气相组分从放空烟囱溢出后发生爆炸。

（3）监管不力　异构化装置的主管没有通过检查确保操作人员正确的操作程序。

（4）应急反应　主管在事故发生的关键时刻离岗，设备操作人员没有及时拉响疏散警报。

2. 间接原因

（1）缺乏文化氛围　历经多年的工作环境已被侵蚀到排斥变化的地步，而且缺乏信任、动力和目标。监督和管理行为不清晰。对条例的执行不彻底。员工个人感觉没有提建议和进行改进的权利。

（2）管理不利　管理者没有建立或强制实行流程安全、操作执行程序、系统降低风险优先权等。没有从 BP 其他事故中吸取教训。

（3）职责与责任不清　复杂组织内的众多变化，包括组织结构和人员的调整，导致了责任不明和沟通不畅。结果造成员工对角色、职责和优先顺序迷惑不清。

（4）缺乏危害辨识　对危险辨识不足，对站点流程安全的理解知之甚少，这些导致了人们承受了更大的风险。

（5）作业管理与沟通不善　低水平的操作管理和炼油厂内由上至下缺乏沟通，意味着对于问题没有及时的早期警报系统。而且缺乏独立的渠道，无法通过组织彻底的核查来了解这个工厂的水准下滑。

二、事故处理措施

组建了一个新的管理团队进入得克萨斯州炼油厂，精简机构，促进沟通。明晰岗位角色和职责，并采取措施验证了遵守操作规程。创建了项目组，以协调并跟踪最终事故调查报告中的建议以及 BP 公司与 OSHA（美国职业安全健康局）协商相关措施的执行。

在公司层面建立新的安全运行机构，这个机构的主要职能之一就是促进交流与协作，共享相关经验教训。强化了独立的检查程序，当前的重点是确定系统与程序都被安排在适当的位置，并有效地工作。已建立新的标准，以促进更严格、更有连续性地掌握 BP 集团的工作和完整性管理。

在未来的 5 年投入 10 亿美元，对得克萨斯州炼油厂进行升级维修。此外，将在关键装置上安装先进的过程控制系统，取消在轻度维修中使用放空烟囱，同时加强员工培训。

推行了新的工程技术实务规范，以管理炼厂和其他加工厂内临时建筑物的使用。

BP 美国得克萨斯州炼油厂火灾爆炸事故现场

 思考题

1. 高校实验室化学品应该如何管理？
2. 企业职业健康安全的培训步骤是什么？

附　　录

附录一　中华人民共和国职业病防治法（2018 年修正）

（2001 年 10 月 27 日第九届全国人民代表大会常务委员会第二十四次会议通过　根据 2011 年 12 月 31 日第十一届全国人民代表大会常务委员会第二十四次会议《关于修改〈中华人民共和国职业病防治法〉的决定》第一次修正　根据 2016 年 7 月 2 日第十二届全国人民代表大会常务委员会第二十一次会议《关于修改〈中华人民共和国节约能源法〉等六部法律的决定》第二次修正　根据 2017 年 11 月 4 日第十二届全国人民代表大会常务委员会第三十次会议《关于修改〈中华人民共和国会计法〉等十一部法律的决定》第三次修正　根据 2018 年 12 月 29 日第十三届全国人民代表大会常务委员会第七次会议《关于修改〈中华人民共和国劳动法〉等七部法律的决定》第四次修正）

目　录

第一章　总　则
第二章　前期预防
第三章　劳动过程中的防护与管理
第四章　职业病诊断与职业病病人保障
第五章　监督检查
第六章　法律责任
第七章　附　则

第一章　总　则

第一条　为了预防、控制和消除职业病危害，防治职业病，保护劳动者健康及其相关权益，促进经济社会发展，根据宪法，制定本法。

第二条　本法适用于中华人民共和国领域内的职业病防治活动。

本法所称职业病，是指企业、事业单位和个体经济组织等用人单位的劳动者在职业活动中，因接触粉尘、放射性物质和其他有毒、有害因素而引起的疾病。

职业病的分类和目录由国务院卫生行政部门会同国务院劳动保障行政部门制定、调整并公布。

第三条　职业病防治工作坚持预防为主、防治结合的方针，建立用人单位负责、行政机关监管、行业自律、职工参与和社会监督的机制，实行分类管理、综合治理。

第四条　劳动者依法享有职业卫生保护的权利。

用人单位应当为劳动者创造符合国家职业卫生标准和卫生要求的工作环境和条件，并采取措施保障劳动者获得职业卫生保护。

工会组织依法对职业病防治工作进行监督，维护劳动者的合法权益。用人单位制定或者修改有关职业病防治的规章制度，应当听取工会组织的意见。

第五条　用人单位应当建立、健全职业病防治责任制，加强对职业病防治的管理，提高职业病防治水平，对本单位产生的职业病危害承担责任。

第六条 用人单位的主要负责人对本单位的职业病防治工作全面负责。

第七条 用人单位必须依法参加工伤保险。

国务院和县级以上地方人民政府劳动保障行政部门应当加强对工伤保险的监督管理，确保劳动者依法享受工伤保险待遇。

第八条 国家鼓励和支持研制、开发、推广、应用有利于职业病防治和保护劳动者健康的新技术、新工艺、新设备、新材料，加强对职业病的机理和发生规律的基础研究，提高职业病防治科学技术水平；积极采用有效的职业病防治技术、工艺、设备、材料；限制使用或者淘汰职业病危害严重的技术、工艺、设备、材料。

国家鼓励和支持职业病医疗康复机构的建设。

第九条 国家实行职业卫生监督制度。

国务院卫生行政部门、劳动保障行政部门依照本法和国务院确定的职责，负责全国职业病防治的监督管理工作。国务院有关部门在各自的职责范围内负责职业病防治的有关监督管理工作。

县级以上地方人民政府卫生行政部门、劳动保障行政部门依据各自职责，负责本行政区域内职业病防治的监督管理工作。县级以上地方人民政府有关部门在各自的职责范围内负责职业病防治的有关监督管理工作。

县级以上人民政府卫生行政部门、劳动保障行政部门（以下统称职业卫生监督管理部门）应当加强沟通，密切配合，按照各自职责分工，依法行使职权，承担责任。

第十条 国务院和县级以上地方人民政府应当制定职业病防治规划，将其纳入国民经济和社会发展计划，并组织实施。

县级以上地方人民政府统一负责、领导、组织、协调本行政区域的职业病防治工作，建立健全职业病防治工作体制、机制，统一领导、指挥职业卫生突发事件应对工作；加强职业病防治能力建设和服务体系建设，完善、落实职业病防治工作责任制。

乡、民族乡、镇的人民政府应当认真执行本法，支持职业卫生监督管理部门依法履行职责。

第十一条 县级以上人民政府职业卫生监督管理部门应当加强对职业病防治的宣传教育，普及职业病防治的知识，增强用人单位的职业病防治观念，提高劳动者的职业健康意识、自我保护意识和行使职业卫生保护权利的能力。

第十二条 有关防治职业病的国家职业卫生标准，由国务院卫生行政部门组织制定并公布。

国务院卫生行政部门应当组织开展重点职业病监测和专项调查，对职业健康风险进行评估，为制定职业卫生标准和职业病防治政策提供科学依据。

县级以上地方人民政府卫生行政部门应当定期对本行政区域的职业病防治情况进行统计和调查分析。

第十三条 任何单位和个人有权对违反本法的行为进行检举和控告。有关部门收到相关的检举和控告后，应当及时处理。

对防治职业病成绩显著的单位和个人，给予奖励。

第二章　前期预防

第十四条 用人单位应当依照法律、法规要求，严格遵守国家职业卫生标准，落实职业病预防措施，从源头上控制和消除职业病危害。

第十五条 产生职业病危害的用人单位的设立除应当符合法律、行政法规规定的设立条件外，其工作场所还应当符合下列职业卫生要求：

（一）职业病危害因素的强度或者浓度符合国家职业卫生标准；

（二）有与职业病危害防护相适应的设施；

（三）生产布局合理，符合有害与无害作业分开的原则；

（四）有配套的更衣间、洗浴间、孕妇休息间等卫生设施；

（五）设备、工具、用具等设施符合保护劳动者生理、心理健康的要求；

（六）法律、行政法规和国务院卫生行政部门关于保护劳动者健康的其他要求。

第十六条　国家建立职业病危害项目申报制度。

用人单位工作场所存在职业病目录所列职业病的危害因素的，应当及时、如实向所在地卫生行政部门申报危害项目，接受监督。

职业病危害因素分类目录由国务院卫生行政部门制定、调整并公布。职业病危害项目申报的具体办法由国务院卫生行政部门制定。

第十七条　新建、扩建、改建建设项目和技术改造、技术引进项目（以下统称建设项目）可能产生职业病危害的，建设单位在可行性论证阶段应当进行职业病危害预评价。

医疗机构建设项目可能产生放射性职业病危害的，建设单位应当向卫生行政部门提交放射性职业病危害预评价报告。卫生行政部门应当自收到预评价报告之日起三十日内，作出审核决定并书面通知建设单位。未提交预评价报告或者预评价报告未经卫生行政部门审核同意的，不得开工建设。

职业病危害预评价报告应当对建设项目可能产生的职业病危害因素及其对工作场所和劳动者健康的影响作出评价，确定危害类别和职业病防护措施。

建设项目职业病危害分类管理办法由国务院卫生行政部门制定。

第十八条　建设项目的职业病防护设施所需费用应当纳入建设项目工程预算，并与主体工程同时设计，同时施工，同时投入生产和使用。

建设项目的职业病防护设施设计应当符合国家职业卫生标准和卫生要求；其中，医疗机构放射性职业病危害严重的建设项目的防护设施设计，应当经卫生行政部门审查同意后，方可施工。

建设项目在竣工验收前，建设单位应当进行职业病危害控制效果评价。

医疗机构可能产生放射性职业病危害的建设项目竣工验收时，其放射性职业病防护设施经卫生行政部门验收合格后，方可投入使用；其他建设项目的职业病防护设施应当由建设单位负责依法组织验收，验收合格后，方可投入生产和使用。卫生行政部门应当加强对建设单位组织的验收活动和验收结果的监督核查。

第十九条　国家对从事放射性、高毒、高危粉尘等作业实行特殊管理。具体管理办法由国务院制定。

第三章　劳动过程中的防护与管理

第二十条　用人单位应当采取下列职业病防治管理措施：

（一）设置或者指定职业卫生管理机构或者组织，配备专职或者兼职的职业卫生管理人员，负责本单位的职业病防治工作；

（二）制定职业病防治计划和实施方案；

（三）建立、健全职业卫生管理制度和操作规程；

（四）建立、健全职业卫生档案和劳动者健康监护档案；

（五）建立、健全工作场所职业病危害因素监测及评价制度；

（六）建立、健全职业病危害事故应急救援预案。

第二十一条 用人单位应当保障职业病防治所需的资金投入，不得挤占、挪用，并对因资金投入不足导致的后果承担责任。

第二十二条 用人单位必须采用有效的职业病防护设施，并为劳动者提供个人使用的职业病防护用品。

用人单位为劳动者个人提供的职业病防护用品必须符合防治职业病的要求；不符合要求的，不得使用。

第二十三条 用人单位应当优先采用有利于防治职业病和保护劳动者健康的新技术、新工艺、新设备、新材料，逐步替代职业病危害严重的技术、工艺、设备、材料。

第二十四条 产生职业病危害的用人单位，应当在醒目位置设置公告栏，公布有关职业病防治的规章制度、操作规程、职业病危害事故应急救援措施和工作场所职业病危害因素检测结果。

对产生严重职业病危害的作业岗位，应当在其醒目位置，设置警示标识和中文警示说明。警示说明应当载明产生职业病危害的种类、后果、预防以及应急救治措施等内容。

第二十五条 对可能发生急性职业损伤的有毒、有害工作场所，用人单位应当设置报警装置，配置现场急救用品、冲洗设备、应急撤离通道和必要的泄险区。

对放射工作场所和放射性同位素的运输、贮存，用人单位必须配置防护设备和报警装置，保证接触放射线的工作人员佩戴个人剂量计。

对职业病防护设备、应急救援设施和个人使用的职业病防护用品，用人单位应当进行经常性的维护、检修，定期检测其性能和效果，确保其处于正常状态，不得擅自拆除或者停止使用。

第二十六条 用人单位应当实施由专人负责的职业病危害因素日常监测，并确保监测系统处于正常运行状态。

用人单位应当按照国务院卫生行政部门的规定，定期对工作场所进行职业病危害因素检测、评价。检测、评价结果存入用人单位职业卫生档案，定期向所在地卫生行政部门报告并向劳动者公布。

职业病危害因素检测、评价由依法设立的取得国务院卫生行政部门或者设区的市级以上地方人民政府卫生行政部门按照职责分工给予资质认可的职业卫生技术服务机构进行。职业卫生技术服务机构所作检测、评价应当客观、真实。

发现工作场所职业病危害因素不符合国家职业卫生标准和卫生要求时，用人单位应当立即采取相应治理措施，仍然达不到国家职业卫生标准和卫生要求的，必须停止存在职业病危害因素的作业；职业病危害因素经治理后，符合国家职业卫生标准和卫生要求的，方可重新作业。

第二十七条 职业卫生技术服务机构依法从事职业病危害因素检测、评价工作，接受卫生行政部门的监督检查。卫生行政部门应当依法履行监督职责。

第二十八条 向用人单位提供可能产生职业病危害的设备的，应当提供中文说明书，并在设备的醒目位置设置警示标识和中文警示说明。警示说明应当载明设备性能、可能产生的职业病危害、安全操作和维护注意事项、职业病防护以及应急救治措施等内容。

第二十九条 向用人单位提供可能产生职业病危害的化学品、放射性同位素和含有放射性物质的材料的，应当提供中文说明书。说明书应当载明产品特性、主要成分、存在的有害因素、可能产生的危害后果、安全使用注意事项、职业病防护以及应急救治措施等内容。产品包装应当有醒目的警示标识和中文警示说明。贮存上述材料的场所应当在规定的部位设置危险物品标识或者放射性警示标识。

国内首次使用或者首次进口与职业病危害有关的化学材料，使用单位或者进口单位按照国家规定经国务院有关部门批准后，应当向国务院卫生行政部门报送该化学材料的毒性鉴定以及经有关部门登记注册或者批准进口的文件等资料。

进口放射性同位素、射线装置和含有放射性物质的物品的，按照国家有关规定办理。

第三十条 任何单位和个人不得生产、经营、进口和使用国家明令禁止使用的可能产生职业病危害的设备或者材料。

第三十一条 任何单位和个人不得将产生职业病危害的作业转移给不具备职业病防护条件的单位和个人。不具备职业病防护条件的单位和个人不得接受产生职业病危害的作业。

第三十二条 用人单位对采用的技术、工艺、设备、材料，应当知悉其产生的职业病危害，对有职业病危害的技术、工艺、设备、材料隐瞒其危害而采用的，对所造成的职业病危害后果承担责任。

第三十三条 用人单位与劳动者订立劳动合同（含聘用合同，下同）时，应当将工作过程中可能产生的职业病危害及其后果、职业病防护措施和待遇等如实告知劳动者，并在劳动合同中写明，不得隐瞒或者欺骗。

劳动者在已订立劳动合同期间因工作岗位或者工作内容变更，从事与所订立劳动合同中未告知的存在职业病危害的作业时，用人单位应当依照前款规定，向劳动者履行如实告知的义务，并协商变更原劳动合同相关条款。

用人单位违反前两款规定的，劳动者有权拒绝从事存在职业病危害的作业，用人单位不得因此解除与劳动者所订立的劳动合同。

第三十四条 用人单位的主要负责人和职业卫生管理人员应当接受职业卫生培训，遵守职业病防治法律、法规，依法组织本单位的职业病防治工作。

用人单位应当对劳动者进行上岗前的职业卫生培训和在岗期间的定期职业卫生培训，普及职业卫生知识，督促劳动者遵守职业病防治法律、法规、规章和操作规程，指导劳动者正确使用职业病防护设备和个人使用的职业病防护用品。

劳动者应当学习和掌握相关的职业卫生知识，增强职业病防范意识，遵守职业病防治法律、法规、规章和操作规程，正确使用、维护职业病防护设备和个人使用的职业病防护用品，发现职业病危害事故隐患应当及时报告。

劳动者不履行前款规定义务的，用人单位应当对其进行教育。

第三十五条 对从事接触职业病危害的作业的劳动者，用人单位应当按照国务院卫生行政部门的规定组织上岗前、在岗期间和离岗时的职业健康检查，并将检查结果书面告知劳动者。职业健康检查费用由用人单位承担。

用人单位不得安排未经上岗前职业健康检查的劳动者从事接触职业病危害的作业；不得安排有职业禁忌的劳动者从事其所禁忌的作业；对在职业健康检查中发现有与所从事的职业相关的健康损害的劳动者，应当调离原工作岗位，并妥善安置；对未进行离岗前职业健康检查的劳动者不得解除或者终止与其订立的劳动合同。

职业健康检查应当由取得《医疗机构执业许可证》的医疗卫生机构承担。卫生行政部门应当加强对职业健康检查工作的规范管理，具体管理办法由国务院卫生行政部门制定。

第三十六条 用人单位应当为劳动者建立职业健康监护档案，并按照规定的期限妥善保存。

职业健康监护档案应当包括劳动者的职业史、职业病危害接触史、职业健康检查结果和职业病诊疗等有关个人健康资料。

劳动者离开用人单位时，有权索取本人职业健康监护档案复印件，用人单位应当如实、无偿提供，并在所提供的复印件上签章。

第三十七条 发生或者可能发生急性职业病危害事故时，用人单位应当立即采取应急救援和控制措施，并及时报告所在地卫生行政部门和有关部门。卫生行政部门接到报告后，应当及时会同有关部门组织调查处理；必要时，可以采取临时控制措施。卫生行政部门应当组织做好医疗救治工作。

对遭受或者可能遭受急性职业病危害的劳动者，用人单位应当及时组织救治、进行健康检查和医学观察，所需费用由用人单位承担。

第三十八条 用人单位不得安排未成年工从事接触职业病危害的作业；不得安排孕期、哺乳期的女职工从事对本人和胎儿、婴儿有危害的作业。

第三十九条 劳动者享有下列职业卫生保护权利：

（一）获得职业卫生教育、培训；

（二）获得职业健康检查、职业病诊疗、康复等职业病防治服务；

（三）了解工作场所产生或者可能产生的职业病危害因素、危害后果和应当采取的职业病防护措施；

（四）要求用人单位提供符合防治职业病要求的职业病防护设施和个人使用的职业病防护用品，改善工作条件；

（五）对违反职业病防治法律、法规以及危及生命健康的行为提出批评、检举和控告；

（六）拒绝违章指挥和强令进行没有职业病防护措施的作业；

（七）参与用人单位职业卫生工作的民主管理，对职业病防治工作提出意见和建议。

用人单位应当保障劳动者行使前款所列权利。因劳动者依法行使正当权利而降低其工资、福利等待遇或者解除、终止与其订立的劳动合同的，其行为无效。

第四十条 工会组织应当督促并协助用人单位开展职业卫生宣传教育和培训，有权对用人单位的职业病防治工作提出意见和建议，依法代表劳动者与用人单位签订劳动安全卫生专项集体合同，与用人单位就劳动者反映的有关职业病防治的问题进行协调并督促解决。

工会组织对用人单位违反职业病防治法律、法规，侵犯劳动者合法权益的行为，有权要求纠正；产生严重职业病危害时，有权要求采取防护措施，或者向政府有关部门建议采取强制性措施；发生职业病危害事故时，有权参与事故调查处理；发现危及劳动者生命健康的情形时，有权向用人单位建议组织劳动者撤离危险现场，用人单位应当立即作出处理。

第四十一条 用人单位按照职业病防治要求，用于预防和治理职业病危害、工作场所卫生检测、健康监护和职业卫生培训等费用，按照国家有关规定，在生产成本中据实列支。

第四十二条 职业卫生监督管理部门应当按照职责分工，加强对用人单位落实职业病防护管理措施情况的监督检查，依法行使职权，承担责任。

第四章 职业病诊断与职业病病人保障

第四十三条 职业病诊断应当由取得《医疗机构执业许可证》的医疗卫生机构承担。卫生行政部门应当加强对职业病诊断工作的规范管理，具体管理办法由国务院卫生行政部门制定。

承担职业病诊断的医疗卫生机构还应当具备下列条件：

（一）具有与开展职业病诊断相适应的医疗卫生技术人员；

（二）具有与开展职业病诊断相适应的仪器、设备；

（三）具有健全的职业病诊断质量管理制度。

承担职业病诊断的医疗卫生机构不得拒绝劳动者进行职业病诊断的要求。

第四十四条 劳动者可以在用人单位所在地、本人户籍所在地或者经常居住地依法承担职业病诊断的医疗卫生机构进行职业病诊断。

第四十五条 职业病诊断标准和职业病诊断、鉴定办法由国务院卫生行政部门制定。职业病伤残等级的鉴定办法由国务院劳动保障行政部门会同国务院卫生行政部门制定。

第四十六条 职业病诊断，应当综合分析下列因素：

（一）病人的职业史；

（二）职业病危害接触史和工作场所职业病危害因素情况；

（三）临床表现以及辅助检查结果等。

没有证据否定职业病危害因素与病人临床表现之间的必然联系的，应当诊断为职业病。

职业病诊断证明书应当由参与诊断的取得职业病诊断资格的执业医师签署，并经承担职业病诊断的医疗卫生机构审核盖章。

第四十七条 用人单位应当如实提供职业病诊断、鉴定所需的劳动者职业史和职业病危害接触史、工作场所职业病危害因素检测结果等资料；卫生行政部门应当监督检查和督促用人单位提供上述资料；劳动者和有关机构也应当提供与职业病诊断、鉴定有关的资料。

职业病诊断、鉴定机构需要了解工作场所职业病危害因素情况时，可以对工作场所进行现场调查，也可以向卫生行政部门提出，卫生行政部门应当在十日内组织现场调查。用人单位不得拒绝、阻挠。

第四十八条 职业病诊断、鉴定过程中，用人单位不提供工作场所职业病危害因素检测结果等资料的，诊断、鉴定机构应当结合劳动者的临床表现、辅助检查结果和劳动者的职业史、职业病危害接触史，并参考劳动者的自述、卫生行政部门提供的日常监督检查信息等，作出职业病诊断、鉴定结论。

劳动者对用人单位提供的工作场所职业病危害因素检测结果等资料有异议，或者因劳动者的用人单位解散、破产，无用人单位提供上述资料的，诊断、鉴定机构应当提请卫生行政部门进行调查，卫生行政部门应当自接到申请之日起三十日内对存在异议的资料或者工作场所职业病危害因素情况作出判定；有关部门应当配合。

第四十九条 职业病诊断、鉴定过程中，在确认劳动者职业史、职业病危害接触史时，当事人对劳动关系、工种、工作岗位或者在岗时间有争议的，可以向当地的劳动人事争议仲裁委员会申请仲裁；接到申请的劳动人事争议仲裁委员会应当受理，并在三十日内作出裁决。

当事人在仲裁过程中对自己提出的主张，有责任提供证据。劳动者无法提供由用人单位掌握管理的与仲裁主张有关的证据的，仲裁庭应当要求用人单位在指定期限内提供；用人单位在指定期限内不提供的，应当承担不利后果。

劳动者对仲裁裁决不服的，可以依法向人民法院提起诉讼。

用人单位对仲裁裁决不服的，可以在职业病诊断、鉴定程序结束之日起十五日内依法向人民法院提起诉讼；诉讼期间，劳动者的治疗费用按照职业病待遇规定的途径支付。

第五十条 用人单位和医疗卫生机构发现职业病病人或者疑似职业病病人时，应当及时向所在地卫生行政部门报告。确诊为职业病的，用人单位还应当向所在地劳动保障行政部门报告。接到报告的部门应当依法作出处理。

第五十一条 县级以上地方人民政府卫生行政部门负责本行政区域内的职业病统计报告的管理工作，并按照规定上报。

第五十二条 当事人对职业病诊断有异议的，可以向作出诊断的医疗卫生机构所在地地方人民政府卫生行政部门申请鉴定。

职业病诊断争议由设区的市级以上地方人民政府卫生行政部门根据当事人的申请，组织职业病诊断鉴定委员会进行鉴定。

当事人对设区的市级职业病诊断鉴定委员会的鉴定结论不服的，可以向省、自治区、直辖市人民政府卫生行政部门申请再鉴定。

第五十三条 职业病诊断鉴定委员会由相关专业的专家组成。

省、自治区、直辖市人民政府卫生行政部门应当设立相关的专家库，需要对职业病争议作出诊断鉴定时，由当事人或者当事人委托有关卫生行政部门从专家库中以随机抽取的方式确定参加诊断鉴定委员会的专家。

职业病诊断鉴定委员会应当按照国务院卫生行政部门颁布的职业病诊断标准和职业病诊断、鉴定办法进行职业病诊断鉴定，向当事人出具职业病诊断鉴定书。职业病诊断、鉴定费用由用人单位承担。

第五十四条 职业病诊断鉴定委员会组成人员应当遵守职业道德，客观、公正地进行诊断鉴定，并承担相应的责任。职业病诊断鉴定委员会组成人员不得私下接触当事人，不得收受当事人的财物或者其他好处，与当事人有利害关系的，应当回避。

人民法院受理有关案件需要进行职业病鉴定时，应当从省、自治区、直辖市人民政府卫生行政部门依法设立的相关的专家库中选取参加鉴定的专家。

第五十五条 医疗卫生机构发现疑似职业病病人时，应当告知劳动者本人并及时通知用人单位。

用人单位应当及时安排对疑似职业病病人进行诊断；在疑似职业病病人诊断或者医学观察期间，不得解除或者终止与其订立的劳动合同。

疑似职业病病人在诊断、医学观察期间的费用，由用人单位承担。

第五十六条 用人单位应当保障职业病病人依法享受国家规定的职业病待遇。

用人单位应当按照国家有关规定，安排职业病病人进行治疗、康复和定期检查。

用人单位对不适宜继续从事原工作的职业病病人，应当调离原岗位，并妥善安置。

用人单位对从事接触职业病危害的作业的劳动者，应当给予适当岗位津贴。

第五十七条 职业病病人的诊疗、康复费用，伤残以及丧失劳动能力的职业病病人的社会保障，按照国家有关工伤保险的规定执行。

第五十八条 职业病病人除依法享有工伤保险外，依照有关民事法律，尚有获得赔偿的权利的，有权向用人单位提出赔偿要求。

第五十九条 劳动者被诊断患有职业病，但用人单位没有依法参加工伤保险的，其医疗和生活保障由该用人单位承担。

第六十条 职业病病人变动工作单位，其依法享有的待遇不变。

用人单位在发生分立、合并、解散、破产等情形时，应当对从事接触职业病危害的作业的劳动者进行健康检查，并按照国家有关规定妥善安置职业病病人。

第六十一条 用人单位已经不存在或者无法确认劳动关系的职业病病人，可以向地方人民政府医疗保障、民政部门申请医疗救助和生活等方面的救助。

地方各级人民政府应当根据本地区的实际情况，采取其他措施，使前款规定的职业病病人获得医疗救治。

第五章 监督检查

第六十二条 县级以上人民政府职业卫生监督管理部门依照职业病防治法律、法规、国家职业卫生标准和卫生要求，依据职责划分，对职业病防治工作进行监督检查。

第六十三条 卫生行政部门履行监督检查职责时，有权采取下列措施：

（一）进入被检查单位和职业病危害现场，了解情况，调查取证；

（二）查阅或者复制与违反职业病防治法律、法规的行为有关的资料和采集样品；

（三）责令违反职业病防治法律、法规的单位和个人停止违法行为。

第六十四条 发生职业病危害事故或者有证据证明危害状态可能导致职业病危害事故发生时，卫生行政部门可以采取下列临时控制措施：

（一）责令暂停导致职业病危害事故的作业；

（二）封存造成职业病危害事故或者可能导致职业病危害事故发生的材料和设备；

（三）组织控制职业病危害事故现场。

在职业病危害事故或者危害状态得到有效控制后，卫生行政部门应当及时解除控制措施。

第六十五条 职业卫生监督执法人员依法执行职务时，应当出示监督执法证件。

职业卫生监督执法人员应当忠于职守，秉公执法，严格遵守执法规范；涉及用人单位的秘密的，应当为其保密。

第六十六条 职业卫生监督执法人员依法执行职务时，被检查单位应当接受检查并予以支持配合，不得拒绝和阻碍。

第六十七条 卫生行政部门及其职业卫生监督执法人员履行职责时，不得有下列行为：

（一）对不符合法定条件的，发给建设项目有关证明文件、资质证明文件或者予以批准；

（二）对已经取得有关证明文件的，不履行监督检查职责；

（三）发现用人单位存在职业病危害的，可能造成职业病危害事故，不及时依法采取控制措施的；

（四）其他违反本法的行为。

第六十八条 职业卫生监督执法人员应当依法经过资格认定。

职业卫生监督管理部门应当加强队伍建设，提高职业卫生监督执法人员的政治、业务素质，依照本法和其他有关法律、法规的规定，建立、健全内部监督制度，对其工作人员执行法律、法规和遵守纪律的情况，进行监督检查。

第六章 法律责任

第六十九条 建设单位违反本法规定，有下列行为之一的，由卫生行政部门给予警告，责令限期改正；逾期不改正的，处十万元以上五十万元以下的罚款；情节严重的，责令停止产生职业病危害的作业，或者提请有关人民政府按照国务院规定的权限责令停建、关闭：

（一）未按照规定进行职业病危害预评价的；

（二）医疗机构可能产生放射性职业病危害的建设项目未按照规定提交放射性职业病危害预评价报告，或者放射性职业病危害预评价报告未经卫生行政部门审核同意，开工建设的；

（三）建设项目的职业病防护设施未按照规定与主体工程同时设计、同时施工、同时投入生产和使用的；

（四）建设项目的职业病防护设施设计不符合国家职业卫生标准和卫生要求，或者医疗机构放射性职业病危害严重的建设项目的防护设施设计未经卫生行政部门审查同意擅自施工的；

（五）未按照规定对职业病防护设施进行职业病危害控制效果评价的；

（六）建设项目竣工投入生产和使用前，职业病防护设施未按照规定验收合格的。

第七十条 违反本法规定，有下列行为之一的，由卫生行政部门给予警告，责令限期改正；逾期不改正的，处十万元以下的罚款：

（一）工作场所职业病危害因素检测、评价结果没有存档、上报、公布的；

（二）未采取本法第二十条规定的职业病防治管理措施的；

（三）未按照规定公布有关职业病防治的规章制度、操作规程、职业病危害事故应急救援措施的；

（四）未按照规定组织劳动者进行职业卫生培训，或者未对劳动者个人职业病防护采取指导、督促措施的；

（五）国内首次使用或者首次进口与职业病危害有关的化学材料，未按照规定报送毒性鉴定资料以及经有关部门登记注册或者批准进口的文件的。

第七十一条 用人单位违反本法规定，有下列行为之一的，由卫生行政部门责令限期改正，给予警告，可以并处五万元以上十万元以下的罚款：

（一）未按照规定及时、如实向卫生行政部门申报产生职业病危害的项目的；

（二）未实施由专人负责的职业病危害因素日常监测，或者监测系统不能正常监测的；

（三）订立或者变更劳动合同时，未告知劳动者职业病危害真实情况的；

（四）未按照规定组织职业健康检查、建立职业健康监护档案或者未将检查结果书面告知劳动者的；

（五）未依照本法规定在劳动者离开用人单位时提供职业健康监护档案复印件的。

第七十二条 用人单位违反本法规定，有下列行为之一的，由卫生行政部门给予警告，责令限期改正，逾期不改正的，处五万元以上二十万元以下的罚款；情节严重的，责令停止产生职业病危害的作业，或者提请有关人民政府按照国务院规定的权限责令关闭：

（一）工作场所职业病危害因素的强度或者浓度超过国家职业卫生标准的；

（二）未提供职业病防护设施和个人使用的职业病防护用品，或者提供的职业病防护设施和个人使用的职业病防护用品不符合国家职业卫生标准和卫生要求的；

（三）对职业病防护设备、应急救援设施和个人使用的职业病防护用品未按照规定进行维护、检修、检测，或者不能保持正常运行、使用状态的；

（四）未按照规定对工作场所职业病危害因素进行检测、评价的；

（五）工作场所职业病危害因素经治理仍然达不到国家职业卫生标准和卫生要求时，未停止存在职业病危害因素的作业的；

（六）未按照规定安排职业病病人、疑似职业病病人进行诊治的；

（七）发生或者可能发生急性职业病危害事故时，未立即采取应急救援和控制措施或者未按照规定及时报告的；

（八）未按照规定在产生严重职业病危害的作业岗位醒目位置设置警示标识和中文警示说明的；

（九）拒绝职业卫生监督管理部门监督检查的；

（十）隐瞒、伪造、篡改、毁损职业健康监护档案、工作场所职业病危害因素检测评价结果等相关资料，或者拒不提供职业病诊断、鉴定所需资料的；

（十一）未按照规定承担职业病诊断、鉴定费用和职业病病人的医疗、生活保障费用的。

第七十三条 向用人单位提供可能产生职业病危害的设备、材料，未按照规定提供中文说明书或者设置警示标识和中文警示说明的，由卫生行政部门责令限期改正，给予警告，并处五万元以上二十万元以下的罚款。

第七十四条 用人单位和医疗卫生机构未按照规定报告职业病、疑似职业病的，由有关主管部门依据职责分工责令限期改正，给予警告，可以并处一万元以下的罚款；弄虚作假的，并处二万元以上五万元以下的罚款；对直接负责的主管人员和其他直接责任人员，可以依法给予降级或者撤职的处分。

第七十五条 违反本法规定，有下列情形之一的，由卫生行政部门责令限期治理，并处五万元以上三十万元以下的罚款；情节严重的，责令停止产生职业病危害的作业，或者提请有关人民政府按照国务院规定的权限责令关闭：

（一）隐瞒技术、工艺、设备、材料所产生的职业病危害而采用的；

（二）隐瞒本单位职业卫生真实情况的；

（三）可能发生急性职业损伤的有毒、有害工作场所、放射工作场所或者放射性同位素的运输、贮存不符合本法第二十五条规定的；

（四）使用国家明令禁止使用的可能产生职业病危害的设备或者材料的；

（五）将产生职业病危害的作业转移给没有职业病防护条件的单位和个人，或者没有职业病防护条件的单位和个人接受产生职业病危害的作业的；

（六）擅自拆除、停止使用职业病防护设备或者应急救援设施的；

（七）安排未经职业健康检查的劳动者、有职业禁忌的劳动者、未成年工或者孕期、哺乳期女职工从事接触职业病危害的作业或者禁忌作业的；

（八）违章指挥和强令劳动者进行没有职业病防护措施的作业的。

第七十六条　生产、经营或者进口国家明令禁止使用的可能产生职业病危害的设备或者材料的，依照有关法律、行政法规的规定给予处罚。

第七十七条　用人单位违反本法规定，已经对劳动者生命健康造成严重损害的，由卫生行政部门责令停止产生职业病危害的作业，或者提请有关人民政府按照国务院规定的权限责令关闭，并处十万元以上五十万元以下的罚款。

第七十八条　用人单位违反本法规定，造成重大职业病危害事故或者其他严重后果，构成犯罪的，对直接负责的主管人员和其他直接责任人员，依法追究刑事责任。

第七十九条　未取得职业卫生技术服务资质认可擅自从事职业卫生技术服务的，由卫生行政部门责令立即停止违法行为，没收违法所得；违法所得五千元以上的，并处违法所得二倍以上十倍以下的罚款；没有违法所得或者违法所得不足五千元的，并处五千元以上五万元以下的罚款；情节严重的，对直接负责的主管人员和其他直接责任人员，依法给予降级、撤职或者开除的处分。

第八十条　从事职业卫生技术服务的机构和承担职业病诊断的医疗卫生机构违反本法规定，有下列行为之一的，由卫生行政部门责令立即停止违法行为，给予警告，没收违法所得；违法所得五千元以上的，并处违法所得二倍以上五倍以下的罚款；没有违法所得或者违法所得不足五千元的，并处五千元以上二万元以下的罚款；情节严重的，由原认可或者登记机关取消其相应的资格；对直接负责的主管人员和其他直接责任人员，依法给予降级、撤职或者开除的处分；构成犯罪的，依法追究刑事责任：

（一）超出资质认可或者诊疗项目登记范围从事职业卫生技术服务或者职业病诊断的；

（二）不按照本法规定履行法定职责的；

（三）出具虚假证明文件的。

第八十一条　职业病诊断鉴定委员会组成人员收受职业病诊断争议当事人的财物或者其他好处的，给予警告，没收收受的财物，可以并处三千元以上五万元以下的罚款，取消其担任职业病诊断鉴定委员会组成人员的资格，并从省、自治区、直辖市人民政府卫生行政部门设立的专家库中予以除名。

第八十二条　卫生行政部门不按照规定报告职业病和职业病危害事故的，由上一级行政部门责令改正，通报批评，给予警告；虚报、瞒报的，对单位负责人、直接负责的主管人员和其他直接责任人员依法给予降级、撤职或者开除的处分。

第八十三条　县级以上地方人民政府在职业病防治工作中未依照本法履行职责，本行政区域出现重大职业病危害事故、造成严重社会影响的，依法对直接负责的主管人员和其他直接责任人员给予记大过直至开除的处分。

县级以上人民政府职业卫生监督管理部门不履行本法规定的职责，滥用职权、玩忽职守、徇私舞弊，依法对直接负责的主管人员和其他直接责任人员给予记大过或者降级的处分；造成职业病危害事故或者其他严重后果的,依法给予撤职或者开除的处分。

第八十四条 违反本法规定,构成犯罪的,依法追究刑事责任。

第七章 附则

第八十五条 本法下列用语的含义:

职业病危害,是指对从事职业活动的劳动者可能导致职业病的各种危害。职业病危害因素包括:职业活动中存在的各种有害的化学、物理、生物因素以及在作业过程中产生的其他职业有害因素。

职业禁忌,是指劳动者从事特定职业或者接触特定职业病危害因素时,比一般职业人群更易于遭受职业病危害和罹患职业病或者可能导致原有自身疾病病情加重,或者在从事作业过程中诱发可能导致对他人生命健康构成危险的疾病的个人特殊生理或者病理状态。

第八十六条 本法第二条规定的用人单位以外的单位,产生职业病危害的,其职业病防治活动可以参照本法执行。

劳务派遣用工单位应当履行本法规定的用人单位的义务。

中国人民解放军参照执行本法的办法,由国务院、中央军事委员会制定。

第八十七条 对医疗机构放射性职业病危害控制的监督管理,由卫生行政部门依照本法的规定实施。

第八十八条 本法自 2002 年 5 月 1 日起施行。

附录二 中华人民共和国化工行业标准
《责任关怀实施准则》

（HG/T 4184—2011）
责任关怀实施准则

1 范围

本标准规定了实施责任关怀的企业在社区认知和应急响应、储运安全、污染防治、工艺安全、职业健康安全、产品安全监管等管理工作中应遵守的规则。

本标准适用于从事化学品的生产、经营、使用、储存、运输、废弃物处置等业务并承诺实施责任关怀的企业。

2 规范性引用文件

下列文件对于本文件的应用是必不可少的。凡是注日期的引用文件，仅注日期的版本适用于本文件。凡是不注日期的引用文件，其最新版本（包括所有的修改单）适用于本文件。

GB 15258　化学品安全标签编写规定

GB 16483　化学品安全技术说明书编写规定

GB 18218　危险化学品重大危险源辨识

3 术语和定义

下列术语和定义适用于本文件。

3.1

责任关怀　responsible care

全球化学工业自愿发起的关于健康安全及环境（HSE）等方面不断改善绩效的行为，是化工行业专有的自愿性行动。该行动旨在改善各化工企业生产经营活动中的健康安全及环境表现，提高当地社区对化工行业的认识和参与水平。

3.2

社区认知　community awareness

指社区内公众对周边企业，尤其化工企业内相关信息的认识、了解。

3.3

风险管理　risk management

指在一个肯定有风险的环境里把风险减至最低的管理过程。其中包括对风险的度量、评估和应变策略。

3.4

突发事件　emergency

指突然发生、造成或者可能造成严重社会危害而需要采取应急处置措施予以应对的自然灾害、事故灾难、公共卫生事件和社会安全事件。

3.5

应急响应　emergency response

指事故发生后，有关组织或人员采取的应急行动。

3.6
分销商　distributor

指专门从事将商品从生产者转移到消费者的活动的机构和人员。

3.7
供应商　supplier

为企业提供原材料、设备设施及其服务的外部个人或团体。

3.8
承包商　contractor

在企业的作业现场，按照双方协定的要求、期限及条件向企业提供服务的个人或团体。

4 总体要求

4.1 责任关怀指导原则

4.1.1 不断提高对健康、安全、环境的认知，持续改进生产技术、工艺和产品在使用周期中的性能表现，从而避免对人和环境造成伤害。

4.1.2 有效利用资源，注重节能减排，将废弃物降至最低。

4.1.3 充分认识社会对化学品以及运作过程的关注点，并对其作出回应。

4.1.4 研发和制造能够安全生产、运输、使用以及处理的化学品。

4.1.5 制定所有产品与工艺计划时，应优先考虑健康、安全和环境因素。

4.1.6 向政府有关部门、员工、用户以及公众及时通报与化学品相关的健康、安全和环境危险信息，并且提出有效的预防措施。

4.1.7 与用户共同努力，确保化学品的安全使用、运输以及处理。

4.1.8 装置和设施的运行方式应能有效保护员工和公众的健康、安全和环境。

4.1.9 通过研究有关产品、工艺和废弃物对健康、安全和环境的影响，提升健康、安全、环境的认识水平。

4.1.10 与有关方共同努力，解决以往危险物品在处理和处置方面所遗留的问题。

4.1.11 积极参与政府和其他部门制定用以确保社区、工作场所和环境安全的有关法律、法规和标准并满足或严于上述法律、法规及标准的要求。

4.1.12 通过分享经验以及向其他生产、经营、使用、运输或者处置化学品的部门提供帮助来推广《责任关怀》的原则和实践。

4.2 领导与承诺

4.2.1 企业的最高管理者是本单位实施责任关怀的第一责任人，全面负责并落实企业的方针目标、机构设置、制度建立、职责确定、教育培训等基本保障要素。对企业健康、安全、环保管理工作作出明确、公开、文件化的承诺，并提供必要的资源支持。

4.2.2 应坚持全员、全过程、全方位、全天候的健康、安全、环保监督和管理原则，员工要立足岗位，认真落实责任关怀的各项要求。

4.2.3 应明确在社区认知和应急响应、储运安全、污染防治、工艺安全、职业健康安全、产品安全监管等方面的责任，并提供有效的资源保障并及时与相关方沟通交流。

4.2.4 应配备相应的工作人员负责产品安全监管。其职责和权限应包括：组织识别和评价产品风险；制定并实施产品安全监管及应急措施；建立有效的产品安全监管制度并持续改进。

4.3 法律法规和管理制度

4.3.1 企业应建立识别和获取与责任关怀管理内容相关的适用的法律、法规、标准、规范及其他管理要求的制度，明确责任部门，确定获取渠道、方式和时机，并及时更新。

4.3.2 需将适用的法律、法规、标准及其他管理要求及时传达给相关方，应依据上述要求，建立符合企业自身特点的管理制度和技术规程。

4.3.3 应根据相关的产品监管法律法规、标准和其他要求定期进行符合性评审，及时取消不适用的文件。

4.4 教育和培训

4.4.1 企业应将适用的法律、法规、标准及其他要求及时对从业人员进行宣传和培训，提高从业人员的守法意识，规范作业行为。

4.4.2 确立全员培训的目标和终身受教育的观念，制定教育和培训计划，定期组织培训教育，建立从业人员的健康、安全、环保等培训教育档案，并做好培训记录。

4.4.3 建立产品安全监管培训制度和计划，根据不同岗位为员工提供有关产品安全的教育与培训，培训对象应特别包括产品的分销商以及与客户接触的员工。

4.4.4 定期开展班组安全活动，对从业人员进行经常性的健康、安全、环保知识和技能的培训和教育，保证其具备必要的专业知识和技能，以及应对和处置突发事故的能力。

4.4.5 应对承包商作业人员、外来参观、学习等人员进行有健康、安全、环保等相关知识的教育。

4.5 检查与绩效考评

4.5.1 企业应建立检查与绩效考评长效机制，采用专项检查表的形式，对责任关怀管理体系各要素的落实情况定期进行监督检查。

4.5.2 应对检查过程中发现的问题及时进行整改，对构成隐患的需进行原因分析，制定可行的整改措施，并对整改结果进行验证。

4.5.3 对暂时不具备整改条件的事故隐患，须采取可靠的应急防范措施，并限期解决或停产。

4.5.4 建立绩效考核制度，围绕责任关怀准则要求，每年至少进行一次管理评审，实现持续改进。

5 实施准则

5.1 社区认知和应急响应

5.1.1 目的

为规范化学品相关企业实施责任关怀过程中的社区认知和应急响应，通过信息交流和沟通，提高社区认知水平，让化工企业的应急响应计划与当地社区或其他企业的应急响应计划相呼应，进而达到相互支持与帮助的功能，以确保员工及社区公众的安全。

5.1.2 社区认知

5.1.2.1 社区联络和沟通

a）企业应与社区建立快速有效的联络渠道，并保持其畅通，及时了解社区关注热点并提供相关信息。联络与沟通应有书面的记录。

b）对负责和社区交流的相关人员提供培训，提高其与社区公众就安全、健康和环保以及应急响应方面进行交流沟通的能力。

5.1.2.2 社区关注问题的评估

企业应制定"社区认知计划"，就关注的化学品生产、储存、经营、使用、运输和废弃物处置等方面的健康、安全和环保问题进行评估和公示，并确保被关注的问题在实施过程中得到反映。

5.1.3 应急响应

5.1.3.1 应急管理

a）企业应评价事故或其他紧急状况对员工和周围社区造成危害的潜在风险，并制定包括应急预案在内的各种有效风险防范措施。

b）企业应根据有关法律、法规的规定，针对本企业可能发生的突发事件的类型和程度，明确应急组织机构、组成人员和职责划分，规定应急状况下的预防与预警机制、处置程序、应急保障措施以及事后恢复与重建措施等内容。

c）根据风险评估的结果，针对各类、各级可能发生的事故，制定本企业综合应急预案、专项应急预案及现场应急预案。应将应急救援预案报当地安全生产监督管理部门和有关部门备案，并通报当地应急协作单位。

d）参与建立完善的社区应急响应计划，使社区公众知晓在企业紧急情况下的应急措施以及可能获得的援助。

e）将企业的各种应急预案与社区进行交流和沟通。

f）对负责和社区交流的相关人员提供培训，提高其与社区公众就健康、安全和环保以及应急响应方面进行交流沟通的能力。

g）定期开展应急演练，并配合和参与社区的相关应急演习。

5.1.3.2 应急物资

a）企业应按国家有关规定配备一定的应急救援器材，并保持完好。建立应急通信网络，并保证畅通。

b）对存在有毒有害因素的岗位配备救援器材，并进行经常性的维护保养，保证其处于良好状态。

5.1.3.3 应急队伍

应加强应急队伍的建设，保持与社区及当地应急救援力量的联络沟通，保证应急指挥人员、抢险救援人员、现场操作人员的应急能力满足应急救援要求。

5.1.3.4 应急处置

a）在发生突发事件的状况下，企业应迅速启动相应的应急预案，并进行以下工作：事故报告；报警、通信联络；人员紧急疏散、撤离；危险区的隔离；检测、抢险、救援及控制；受伤人员现场救护、救治与医院救治；现场保护与现场洗消等。

b）建立明确的事故报告制度和程序。发生职业病、安全、环保及生产事故后，在组织处理事故的同时，应按照国家有关规定立即如实报告当地政府主管部门，并进行事故调查。

5.2 储运安全

5.2.1 目的

为规范化学品相关企业实施责任关怀过程中化学品储运安全管理（包括化学品的转移，再包装和库存保管），经由公路、铁路、水路、航空及管输等各种形式的运输安全管理，并确保应急预案得以实施，从而将其对人和环境可能造成的危害降至最低。

5.2.2 风险管理

5.2.2.1 企业应制定风险管理的文件化程序，建立和保存风险评价记录。

5.2.2.2 制定风险管理计划，包括对物流服务供应商的选择、审核等管理手段，不断改善企业在健康、安全及环保方面的表现，以减少与储运活动相关的风险。

5.2.2.3 在化学品储运前，应对储运链中各环节的作业风险进行有效的识别和评价，其中包括潜在的风险可能性以及人和环境暴露在泄漏的化学品之下的风险，并且包含物流服务供应商的法规符合性及健康、安全、环保（HSE）绩效评价，并根据风险类型及等级制定相应的风险控制措施。

5.2.3 沟通

5.2.3.1 企业应定期识别与物流服务有关的风险，及时反馈至供应商。

5.2.3.2 应向储运链中相关方提供有关危险化学品的最新的化学品安全技术说明书（SDS）数据，SDS 的编写应符合 GB 16483 和 GB 15258 的相关规定，并随产品包装提供符合法规要求的安全标签。

5.2.3.3 应向储运链中各相关方（包括当地社区），提供有关危险化学品转移、储存和运输方面的信息，并重视公众关注的问题。

5.2.4 化学品的转移、储存和处理

5.2.4.1 企业应制定严格的化学品（包括化学废弃物）储存、出入库安全管理制度及运输、装卸安全管理制度，规范作业行为，减少事故发生，确保企业在储运链中的合作方有能力进行化学品的安全转移、储存及运输。

5.2.4.2 合理选择与化学品的特性及搬运量相适应的运输容器和运输方式。明确与储运过程相关的所有程序，减少向外界环境排放化学品的风险，并保护储运链中所涉及人员的安全。

5.2.4.3 为用户提供辅导，协助其减少危险化学品容器及散装运输工具在归还、清洗、再使用和服务过程中涉及的风险，并保障清洗残余物及废弃容器的正确处置。

5.2.5 物流服务供应商的管理

5.2.5.1 企业应建立物流服务供应商管理制度，制定物流服务供应商选择标准，实施资格预审、选择、工作准备（包含培训）、作业过程监督、表现评价、续用等的文件化程序，形成合格供应商名录和业绩档案。

5.2.5.2 确保储存、运输危险化学品的物流服务供应商具有合法、有效的化学品的储运资质，管理人员和操作人员有相应的安全资格证书；储存、运输的场地、设施、设备等硬件条件符合国家法律、法规和标准对化学品的储运要求。

5.2.5.3 企业应要求物流服务供应商做到：

a）建立合格分包商名录和业绩档案。

b）建立对分包商管理的文件化程序。

c）明确培训需求，为员工和分包商提供适当的培训。

5.2.5.4 企业应确保所有有关健康安全及环保（HSE）关键运作程序都被记录存档，并可供物流服务供应商查用。

5.2.6 应急响应

5.2.6.1 在化学品储运过程发生事故后，企业应向相关方尽快提供相应的处置方案。

5.2.6.2 应要求物流服务供应商建立应急管理的文件化程序，制定应急预案并组织演练。

5.2.6.3 应对化学品储运过程中发生的事故或事件进行调查并记录，分析发生原因，提出防范措施。

5.2.6.4 企业应要求其物流服务供应商对其所发生的事故和事件以及处理过程进行报告。

5.3 污染防治

5.3.1 目的

为规范化学品相关企业实施责任关怀过程中的污染防治管理，使企业能对污染物的产生、处理和排放进行综合控制和管理，持续地减少废弃物的排放总量，使企业在生产经营中对环境造成的影响降至最低。

5.3.2 风险管理

企业应建立环境风险因素评价程序，对环境风险因素进行识别和评价，制定并落实控制措施，减少环境污染风险，并定期进行评价，不断改善企业在环境保护和污染控制方面的表现。

5.3.3 污染物处理和控制

5.3.3.1 企业应制定污染防治方案。方案需技术可行、经济可行和环境可行，并落实到相关部门

具体实施。

5.3.3.2 以"减量化、再利用、再循环"的原则为准则,倡导污染物低排放、零排放的理念。

5.3.4 生产经营过程的环境保护

5.3.4.1 企业应建立污染治理设施,保证其对生产经营活动中产生的污染物进行有效处理、处置,确保污染物达标排放。

5.3.4.2 制定文件化的环保方案,根据装置停工、检修、开工具体情况,确定污染物排放种类、数量、排放时间及控制措施,确保环保处理设施正常运行,高浓度冲洗水及时回收。

5.3.4.3 优化原料,优化工艺,降低能耗、物耗,减少污染物的产生,在生产过程中将污染物消除或消减。

5.3.4.4 配备专职环境监测人员,制定定期环境监测计划,对排污和污染实行有效监测,及时准确提供监测数据。

5.3.4.5 开展资源综合利用,建立相应的"三废"管理台账和统计报表。对危险废物进行安全的储存和处置,防止二次污染。

5.3.4.6 对新、改、扩建项目和科研开发项目的立项、设计、施工、验收等阶段进行全过程管理,严格执行环保"三同时"制度和环境影响评价制度,确保项目投产后污染排放达到国家或地方规定的排放标准。

5.3.5 清洁生产和装置达标

5.3.5.1 企业应设立清洁生产组织机构,制定工作计划,确定目标,落实时间、进度、负责部门、负责人等,组织开展清洁生产审核验收工作。

5.3.5.2 建立清洁生产激励机制,利用经济手段,鼓励员工开展清洁生产活动。

5.3.5.3 开展装置达标活动,以国内同类装置先进指标确定环保量化达标指标。

5.3.6 应急响应

企业发生污染事故后应迅速启动相应的专项应急预案,采取有效措施降低事故损失,按事故分类和等级,组织相关部门进行应急处理。

5.4 工艺安全

5.4.1 目的

为规范化学品相关企业实施责任关怀过程中而实施的工艺安全管理,防止化学品泄漏、火灾、爆炸,避免发生伤害及对环境产生负面影响。

5.4.2 风险管理

5.4.2.1 风险辨识

企业应树立零事故、零伤害的安全理念,有效辨识生产活动中工程设计、装置建设、装置投产、技术改造、新产品及新工艺开发、废旧设备及厂房拆除与处置等环节存在的工艺安全风险。

5.4.2.2 风险评价

a) 企业应根据需要选择有效、可行的风险评价方法,适时对装置运行状况进行风险评价,从对人员的身体健康与生命安全、环境、财产和周围社区等方面影响的可能性和严重程度进行定性和定量分析,确定风险等级。

b) 一般常用的评价方法有:安全检查表检查,危险度评价法,道化学火灾、爆炸危险指数评价法。蒙德法,预先危险分析,危险和可操作性分析,层保护分析,故障树分析,事件树分析,定量风险分析等。

5.4.2.3 风险控制

a) 企业应根据风险评价的结果及生产经营情况等,确定优先控制的顺序,采取措施消减风险,将风险控制在可接受程度。

b）风险控制措施需可靠、有效，应向从业人员进行告知风险评价的结果及相应的控制措施。

5.4.2.4 危险源管理

a）企业应建立危险源管理制度，按 GB 18218 要求进行重大危险源识别，对重大危险源进行登记建档，严密控制。

b）应将本单位重大危险源及相关安全措施、应急预案报地方安全生产监督管理部门和其他相关部门备案。

c）构成重大危险源的装置或设施与周边的防护距离应符合国家标准或规定，凡不符合要求的应采取切实可行的防范措施，并限期整改。

5.4.2.5 风险信息更新

企业应持续进行风险评价工作，识别与生产经营活动有关的危险源变更和新事故隐患，并定期进行评审，检查风险控制措施的有效性。

5.4.2.6 变更管理

当工艺、设备、关键人员等条件发生变更时，应根据变更后的情况及时进行风险评估，作业文件更新等相关工作，建立检查和变更记录。

5.4.3 工艺和技术

5.4.3.1 企业应采用先进的、安全可靠的技术、工艺、设备和材料，组织安全生产技术的研究开发。不得使用国家明令淘汰、禁止使用的危及生产安全的工艺和设备。

5.4.3.2 新建、改建和扩建项目需进行安全、环境影响和职业病危害预评价，装置正式投产前需进行安全、环保验收评价和职业卫生控制效果评价。

5.4.3.3 列为国家重点监管的危险工艺的企业，项目设计原则上应由甲级资质的化工设计单位进行，装置自动控制系统应按相关要求采用集散控制系统（DCS），并设计独立的紧急停车系统。

5.4.3.4 应制定有效的《安全操作技术规程》《工艺技术规程》《岗位操作法》和《工艺卡片》等，并在生产和工艺发生变化时需及时进行修订和完善。

5.4.3.5 对生产过程中的瓶颈问题应及时组织工艺攻关，根据原料性质、装置特点和产品要求，合理优化生产方案。

5.4.3.6 装置开、停工时应制定详细的开、停工方案，并经主管安全生产的负责人批准。

5.4.3.7 生产过程中的工艺参数及操作活动等记录应存档。

5.4.4 生产设备

5.4.4.1 企业应选用本质安全型设备设施，严格按规范安装和调试；建立健全设备设施管理、维护保养制度、台账和档案。

5.4.4.2 加强设备设施的运行维护管理，包括：压力容器、工业管道及其安全附件的检测；设备润滑；常规仪表、分析仪表、过程控制计算机系统、仪表联锁系统、可燃气体、有毒气体报警器日常维护，保养和故障处理及检修；电气设备、防雷、防静电设施的运行维护、保养、检修和故障排除等。

5.4.4.3 大型机组应实行特级维护，做好机组状态监测及故障诊断，并确保其安全附件、联锁保护系统完备、完好。

5.4.4.4 建立特种设备的台账和档案，确保设备定期检测，证件齐全。

5.4.4.5 监控和测量设备应定期进行校准和维护，台账齐全，记录存档。

5.4.5 安全设施管理

5.4.5.1 企业应确保安全设施符合国家有关的法律、法规和相关技术规范，并与建设项目的主体工程同时设计、同时施工、同时投入生产和使用。

5.4.5.2 安全设施应设专人负责管理，定期检查和维护保养，不得随意拆除、挪用或弃置不用，因检修拆除的，应严格遵循设备移交程序，检修完毕后需立即复原。

5.4.5.3 建立工艺安全、设备安全联锁管理制度，未经审批严禁摘除原设计的联锁装置。

5.4.5.4 根据化学品的种类、特性，在车间、库房等相关作业场所设置相应的监测、通风、防晒、调温、防火、灭火、防爆、泄压、防毒、消毒、中和、防潮、防雷、防静电、防腐、防渗漏、防护围堤或者隔离操作等安全设施、设备，并按照国家标准和有关规定进行维护、保养，确保符合安全运行要求。

5.4.6 应急响应

5.4.6.1 企业应建立事故应急响应指挥系统，明确职责，实行分级管理。

5.4.6.2 根据风险评价结果，编制应急响应预案，定期进行演练并完成演练报告，以期持续改进。

5.4.6.3 配备足够的应急救援设备，定期进行维护，保持状态完好。

5.4.6.4 建立相应的应急救援队伍，如消防、救护、治安保卫、通信联络、医疗抢救等。

5.4.6.5 发生工艺安全事故后应迅速启动相应的专项应急预案，采取有效措施降低事故损失，按事故分类和等级，组织相关部门进行应急处理。

5.5 职业健康安全

5.5.1 目的

为规范化学品相关企业实施责任关怀过程中的职业健康安全管理，防止安全事故和职业病发生，保护相关人员的健康与安全。

5.5.2 风险管理

企业应建立职业健康与安全风险管理程序，识别和评价生产经营活动中存在的危险源和职业危害因素，根据评价结果及生产经营的情况，采取有效的监测和控制措施，减少潜在风险，持续改进企业的职业健康安全管理水平，将风险降到最低或控制在可以接受的程度。

5.5.3 沟通

企业应建立文件化的与内部和外部沟通程序并予以实施，为企业内部有关部门及相关社区提供职业健康与安全的危害因素及危险源有关信息，保障社区公众对企业职业健康安全危害因素的知情权，并收集反馈意见。

5.5.4 职业卫生管理

5.5.4.1 企业应建立有效的职业卫生管理制度和档案。发生职业病应及时、如实向当地政府有关部门报告，接受监督。

5.5.4.2 确保有毒物品作业场所与生活区分开，作业场所不得住人，有害作业区与无害作业区分开，高毒作业场所与其他作业场所隔离。

5.5.4.3 应在作业场所确定需要监测的有毒有害因素种类，设定有害因素监测点，确定监测周期，定期进行监测，在被测岗位公布监测结果并存档。

5.5.4.4 确定有资质的职业卫生技术服务机构对工作场所进行职业危害因素检测、评价，并将结果存入企业职业卫生档案。

5.5.4.5 根据接触职业危害因素的种类、强度，为从业人员和外来人员提供符合国家标准或行业标准的个体劳动防护用品和器具；建立个体劳动防护用品领用登记台账，并加强对使用情况的监督和检查，凡不按规定使用个体劳动防护用品者不得上岗作业。

5.5.4.6 各种防护器具应定点存放在安全、方便地点，并有专人负责保管，定期校验和维护。

5.5.5 职业病管理

5.5.5.1 企业应对员工进行职业健康检查,包括:上岗前、在岗期间、离岗时、离岗后的医学随访及应急健康检查,对从事有毒有害作业人员的检查按有关法规要求定期进行。

5.5.5.2 建立员工健康监护档案,并将历次的健康检查结果存档。

5.5.5.3 加强对职业病和疑似职业病患者的检查、治疗、复查和管理,及时调整职业禁忌者工作岗位。

5.5.6 作业安全

5.5.6.1 安全作业许可

企业应建立安全作业许可制度,严格履行审批手续。对机械作业、动火作业、进入受限空间作业、土石方作业、临时用电作业、高处作业、电器作业、吊装作业、盲板抽堵作业、断路作业等危险性作业实施作业许可,加强操作人员、监护人员与现场维修人员之间的沟通。

5.5.6.2 警示标志

a) 应在易燃易爆、有毒有害场所的醒目位置设置警示标志和告知牌。

b) 应在检维修、施工、吊装等作业现场设置警戒区域和警示标志。

c) 应在醒目位置设置公告栏,公布有关职业危害因素、产生职业危害的种类和后果、防治措施、职业危害事故应急救援措施、职业危害因素检测结果等。

5.5.6.3 操作控制

a) 在工艺流程的研发、设计、修改及改善阶段,应确保关键性的团队成员中有负责职业健康与安全的人员。

b) 建立并实施与职业风险相关的作业的文件化程序,确保操作、检维修等人员的人身安全。

5.5.7 承包商和供应商管理

5.5.7.1 企业应建有职业健康管理体系,对承包商的选择、运作、培训以及评估进行管理,并对开工前准备、作业过程等进行监督评估。

5.5.7.2 建立供应商资质审查,选择与续用的管理制度,识别与采购有关的风险。

5.6 产品安全监管

5.6.1 目的

为规范化学品相关企业实施责任关怀过程之产品安全监督管理,使健康、安全以及环保成为化学品生命周期中不可分割的一部分,保证在生命周期的每个环节对人员和环境造成的伤害降至最低程度。

5.6.2 风险管理

5.6.2.1 企业应根据健康、安全及环境信息对其产品可预见的风险特征加以描述,定期评估危害因素和暴露状况,并公开其风险特征。

5.6.2.2 企业应对产品生命周期的全过程存在的危害因素和暴露状况进行动态的识别、记录和管理。同时,依据产品和应用的变化,必要时进行产品危害因素和暴露状况的再识别,并记录。

5.6.2.3 企业应根据已经识别的产品危害因素和暴露状况,对产品进行风险综合评价。评价应对产品危害因素和暴露状况作出分析并确定其风险等级,制定相应的管理措施。

5.6.2.4 企业应建立产品危害应急响应系统,制定响应措施,消除或减少产品危害。

5.6.3 化学品管理

5.6.3.1 企业应对其所有可能接触和产生的化学品(含产品、原料和中间体)进行普查,建立化学品档案,并按相关要求进行登记。

5.6.3.2 供应商应向下游用户提供完整的SDS,以提供与健康、安全和环境有关的信息,应对SDS

进行更新，并向下游用户提供最新版本的 SDS。

5.6.3.3 采购危险化学品时，应向化学品的供应商索取化学品安全技术说明书和安全标签，不得采购无安全技术说明书和安全标签的危险化学品。

5.6.3.4 危险化学品接触和生产企业应设立 24 小时应急咨询服务固定电话，并有专业人员值班。无条件者应委托当地化学品应急响应中心作为应急代理，并应向委托机构提供企业所有化学品的安全技术说明书。

5.6.4 危害告知

5.6.4.1 企业应以有效的方式对从业人员及相关方就产品特性、危害程度等进行告知，并提供预防及应急处理措施，降低或消除危害后果。

5.6.4.2 应鼓励员工报告产品的滥用情况及其他负面效应的信息，以改进产品风险管理。

5.6.5 合同制造商

5.6.5.1 企业应根据健康、安全及环保要求选择合适的合同制造商，并提供适用于产品和流程的风险信息和指导意见，以保证对产品的安全监管。

5.6.5.2 企业应对合同制造商的制造过程进行监督和检查，及时纠正偏差，帮助其提高健康、安全及环境保护管理水平。

5.6.6 供应商

5.6.6.1 企业应要求供应商提供相关产品及制造过程的健康、安全及环境信息和指导意见，并以此作为选择供应商的重要依据。

5.6.6.2 应对供应商的绩效进行定期审核。

5.6.7 分销商与用户

5.6.7.1 企业应为分销商及用户提供健康、安全及环保信息，针对产品风险，提供相应指导，使产品得以正确使用、处理、回收和处置。

5.6.7.2 企业应对其提供的产品给予安全监管支持，当发现对产品使用不当时，应与分销商和用户合作，采取措施予以改善。如改善情况不明显，应终止产品的销售。

5.6.7.3 分销商应将化学品制造企业提供的产品健康、安全和环保信息完整、全面地提供给它的用户和产品使用人员。

附录三 责任关怀职业健康安全准则实施细则

一、基本概念和术语

1．责任关怀 responsible care
全球化学工业自愿发起的关于健康、安全及环境（HSE）等方面不断改善绩效的行为，是化工行业专有的自愿行动。该行动旨在改善各化工企业生产经营活动中的健康安全及环境表现，提高当地社区对化工企业的认识和参与水平。

2．从业人员 employee
企业从事生产经营活动各项工作的所有人员，包括管理人员、技术人员和各岗位的工人，也包括企业临时聘用的人员和被派遣劳动者。

3．工作场所 workplace
在组织控制下，人员因工作需要而处于或前往的场所。

4．危险源 hazard
可能导致伤害和健康损害的来源，可包括可能导致伤害或危险状态的来源，或可能因暴露而导致伤害和健康损害的环境。

5．供应商 supplier
为企业提供原材料、设备设施及其服务的外部个人或团体。

6．承包商 contractor
在企业的作业现场，按照双方协定的要求、期限及条件向企业提供服务的个人或团体。

7．事件 incident
由工作引起的或在工作过程中发生的可能或已经导致伤害和健康损害的情况。

二、责任关怀职业健康安全准则实施细则的基本内容

责任关怀职业健康安全准则实施细则对 HG/T 4184—2011 的职业健康安全实施准则进行了完善、细化，指导行业企业防止安全事故和职业病发生，保护相关人员的职业健康与生命安全。

职业健康安全准则由范围、规范性引用文件、术语定义和管理要素四部分构成。管理要素由 12 个一级要素和 18 个二级要素构成。12 个一级要素分别是：领导与承诺、职责与权限、教育和培训、合规性管理、管理制度和操作规程、风险管理与隐患排查、职业安全管理、职业健康管理、承包商和供应商管理、事故事件与应急、沟通、绩效评估与改进。

1．领导与承诺

企业的主要负责人应保证对职业健康安全的愿景和目标、组织机构、职责权限、制度/程序、能力、意识教育等进行策划和实施，形成明确的、公开的、文件化的承诺。

企业的主要负责人应提供策划和实施职业健康安全所需的资源，包括资金和人力资源，推动持续改进。

企业主要负责人应推动企业建立良好的职业健康安全文化，提高企业职业健康安全文化水平。

企业主要负责人应推动各级管理层实现持续改进职业健康安全绩效的承诺。

2．职责与权限

企业应制定全员职业健康安全责任制，明确企业各层级人员、劳务派遣人员、供应商和承包商人员等在企业生产经营活动中应当承担的职业健康安全职责、责任范围和考核标准。

企业应设置职业健康安全领导组织，每季度至少召开一次全体会议，研究企业职业健康安全工作开展和绩效执行情况。

企业应设置职业健康安全管理机构或配备职业健康安全管理人员。

企业负责职业健康安全管理的机构或管理人员应履行下列职责：

——组织或者参与制定企业职业健康安全规章制度、操作规程和事故应急救援预案；

——组织或者参与企业职业健康安全教育和培训，如实记录教育和培训情况；

——组织或者参与企业应急救援演练；

——组织开展危险源辨识和评估，落实健康安全风险分级管控措施；

——检查企业的职业健康安全状况，及时排查事故隐患，提出改进建议；制止和纠正违章指挥、强令冒险作业、违反操作规程等行为，督促落实安全生产整改措施；

——督促落实企业职业健康安全整改措施。

企业从业人员可通过以下方式参与职业健康安全相关活动：

——作业指导书等职业健康安全文件的编制和讨论；

——职业健康安全危害因素识别、评估和控制；

——遵守操作规程，制止和纠正违章作业以及不安全行为，落实安全生产控制措施；

——职业健康安全隐患排查及整改措施落实，应急演练，事故事件汇报；

——职业健康安全文化建设。

3．教育和培训

企业应建立健全从业人员职业健康安全教育培训制度并严格执行，规范从业人员作业行为。

企业应制定职业健康安全教育和培训计划，定期组织培训，做好培训记录，建立教育培训档案。

企业应定期开展班组安全活动，对从业人员进行职业健康安全知识和技能的教育和培训，保证其具备必要的专业知识和技能以及应对和处置突发事故的能力。

企业采用新工艺、新技术、新材料或者使用新设备时，应了解、掌握其职业危害特性，采取有效的职业健康安全防护措施，并应对相关从业人员进行专门的职业健康安全教育与培训。

从业人员应接受职业健康安全教育和培训，经考核合格后方可上岗作业。

企业应对供应商、承包商、来访人员进行职业健康安全教育与培训。

4．合规性管理

企业应建立识别和获取职业健康安全管理相关法律、法规、标准、规范及其他管理要求的制度，确定获取渠道、方式和时间。

企业应对适用法规内容进行逐条识别，完成法规适用性评估，明确相关管理要求。

企业应定期开展职业健康安全合规性评审，检查其适用性和符合性，持续提高符合性绩效。

5．管理制度和操作规程

企业应根据法律法规的有关要求及生产经营活动的特点建立健全职业健康安全管理制度。

企业应根据有关安全技术标准及生产经营活动的特点制定操作规程。

企业应根据实际情况及法规适用性评估结果定期评审、修订职业健康安全管理制度与操作规程。

6．风险管理与隐患排查

（1）风险管理

a. 企业应组织制定生产经营活动中的风险辨识与评价管理制度，落实相应的防范和管控措施。

b. 企业应定期组织专业技术人员、管理人员、从业人员开展风险辨识、评价并制定风险控制措施。

c. 应用 SCL、JHA、HAZOP 等风险分析方法进行风险辨识，选择科学、有效、可行的风险评价方法，制订风险评价准则，评估可能导致的事故后果。

d. 企业应根据风险评价结果及经营运行情况等，确定不可接受的风险，制定并落实控制措施，将风险控制在可接受的程度。企业在选择风险控制措施时，应考虑控制措施的可行性、安全性、可靠性。控制措施应包括：工程技术措施、管理措施、培训教育措施、个体防护措施、应急措施。

e. 企业应根据风险评价结果实施分级管控。

f. 企业应将风险评价的结果及所采取的防范控制措施对从业人员进行教育培训，使从业人员熟悉作业环境中存在的危险、有害因素及防范控制措施。

g. 企业生产经营活动发生变更时应及时开展风险辨识与评价，并制定防范控制措施。

（2）隐患排查

a. 企业应制定隐患排查治理制度，实行隐患排查、记录、监控、治理、销账、报告闭环管理。

b. 企业应编制隐患排查表，开展隐患排查工作。排查的范围包括所有与生产经营相关的场所、环境、人员、设备设施和活动，包括承包商和供应商等服务活动。

c. 企业应定期开展隐患排查工作，对排查发现的隐患，分析产生问题的根源性原因，落实项目、资金、措施、时间、责任人后组织整改，建立隐患排查治理台账，统计分析隐患出现的时间（时期）、地点（装置和设施、部位和区域）、次数、类别、专业和负有管理职责的部门（单位）等信息，确定事故隐患易发的薄弱环节和重点装置设施、区域部位，找出事故隐患的产生规律。

d. 对于不能立即完成整改的隐患，应进行安全风险分析，并应从工程控制、管理措施、培训教育、个体防护、应急处置等方面采取有效的管控措施，防止安全事故的发生。

e. 企业宜利用信息化手段实现隐患排查治理全过程记录，形成闭环管理。

7. 职业安全管理

（1）作业安全

a. 企业应建立安全作业许可制度，按照 GB 30871 的有关规定对动火作业、受限空间作业、动土作业、临时用电作业、高处作业、吊装作业、盲板抽堵作业、断路作业等危险性作业实施作业许可，严格履行审批手续。

b. 企业应组织作业单位辨识作业现场和作业过程中可能存在的危险有害因素，开展作业危害分析，制定相应的安全风险管控措施，并对参加作业的人员进行安全教育。特种作业和特种设备作业人员应取得相应资格证书，持证上岗。

c. 企业在检维修作业前应办理工艺、设备设施交付检维修手续，由专人确认，做到安全交出。同时对作业现场及作业过程中涉及的设备、设施、工器具等进行检查。

d. 作业过程中，同一作业涉及两种或两种以上特殊作业时，应同时执行相应的作业要求，并办理相应的作业审批手续，多工种、多层次交叉作业应统一协调。

e. 作业内容、范围、人员变化时应重新办理作业审批手续。

f. 当生产或作业现场出现异常，可能危及作业人员安全时，作业人员应立即停止作业，迅速撤离，并及时报告。

（2）设备设施安全

a. 企业应采用基于风险的安全策略，设计、采购、安装、操作和维护设备设施，保护可能受设备设施影响的员工和其他人的健康和安全。

b. 企业应建立设备装置泄漏监（检）测管理制度，统计和分析可能出现泄漏的部位、物料种类。定期监（检）测生产装置动静密封点，发现问题及时处理。

c. 应加强防腐蚀管理，确定检查部位，定期检测，建立检测数据库，统计分析、处理管道、设备壁厚减薄情况；定期评估防腐效果和核算设备剩余使用寿命，及时发现并更新更换存在安全隐患的设备。

d. 设备设施的安全联锁和安全装置应可靠、适用，定期测试、检查和维护，确保完整有效。

e. 操作/维护设备设施的从业人员必须经过培训，掌握设备设施的操作要求和安全措施。

f. 设备设施进行任何影响安全功能的改动前，应实施变更管理。

g. 应定期开展设备预防性检维修，检维修前应制定检维修方案。

（3）安全防护设施

a. 企业应建立安全防护设施台账，对安全防护设施进行定期检查和维护保养。

b. 安全防护设施不得随意拆除、挪用或弃置不用，因检维修拆除的，检维修完毕后应立即复原。

（4）个体防护装备

a. 企业应为从业人员提供符合 GB 39800 标准的个体防护装备，并教育从业人员正确佩戴和使用。

b. 个体防护装备应定点存放在安全、方便的地方，有专人负责保管、检查，定期校验和维护。

c. 企业应监督检查个体防护装备的使用情况，未按规定使用个体防护装备者不得上岗作业。

（5）安全标志

a. 企业应按照法规要求和风险识别结果在生产经营场所和有关设施、设备上，设置相应的安全标志。

b. 企业应在检维修、施工、吊装等作业现场设置警戒区域和警示标志。

c. 企业应设置厂内道路限速、限高、禁行等标志。

d. 安全标志应符合 GB 2894 要求。

8. 职业健康管理

（1）作业场所

企业应按照 GBZ1 的有关规定合理布局，配置有效的职业病防护设施和辅助卫生用室，采用符合保护从业人员生理、心理健康要求的设备设施、工具、用具等。

（2）职业病危害因素申报与检测

a. 工作场所存在职业病危害因素的企业，应及时、如实向所在地卫生健康主管部门申报职业病危害项目。产生法定变更情形的应按规定向原申报机关申报变更。

b. 企业应开展职业病危害日常监测、定期检测评价，职业病危害严重的企业应定期开展现状评价，检测、评价结果应当存入企业职业健康档案。

（3）健康监护

a. 企业应按规定定期组织接触职业病危害因素的劳动者进行上岗前、在岗期间、离岗时的职业健康检查，建立职业健康监护档案，并将历次的健康检查结果存档，妥善保存，具可追溯性。

b. 企业应及时调整职业禁忌者工作岗位，安排对疑似职业病患者进行诊断，安排职业病患者进行治疗、康复和定期检查。

（4）健康风险评估

企业宜按照 GBZ/T 298、WS/T 777 开展化学品暴露风险评估。

（5）职业病危害告知

a. 企业应在醒目位置设置公告栏，公布有关职业病防治的规章制度、操作规程、职业病危害事故应急救援措施和工作场所职业病危害因素检测结果。

b. 企业应在产生或存在职业病危害因素的工作场所、作业岗位、设备、材料（产品）包装、贮存场所设置相应的警示标识。对产生严重职业病危害的作业岗位，应当在其醒目位置设置职业病危害告知卡。警示标识和告知卡的设置应符合 GBZ 158 标准规范。

c. 存在或产生高毒物品的作业岗位，应当按照 GBZ/T 203 的规定，在醒目位置设置高毒物品告知卡，告知卡应当载明高毒物品的名称、理化特性、健康危害、防护措施及应急处理等告知内容与警示标识。

d. 企业与劳动者订立劳动合同（含变更）时，应如实告知工作过程中可能产生的职业病危害及其后果、职业病防护措施和待遇等，并在劳动合同中写明。

e. 企业应将健康检查结果书面如实告知接触职业病危害因素的劳动者。

（6）应急救援设施

企业在可能发生急性职业损伤的有毒、有害工作场所应设置报警装置，配置有效的应急救援设施，确保其处于正常状态。

（7）职业危害控制技术

企业应当优先采用有利于防止职业危害和保护从业人员健康的新技术、新工艺、新材料、新设备，逐步替代职业危害严重的技术、工艺、材料、设备。

9. 承包商和供应商管理

（1）承包商管理

a. 企业应建立承包商管理制度，对承包商的资质进行审查，包括人员、设备、资质、技术等，优先选择具有环境、职业健康、安全体系认证的单位。定期对承包商进行评价，建立合格承包商清单。

b. 企业应与承包商签订职业健康安全协议，明确双方职业健康安全职责。承包商应提交作业计划书等资料，对作业风险进行识别，制定并落实管控措施，经企业审核确认后方可开始作业。

c. 作业过程中，企业应监督监护承包商的作业，并做好完工验收确认。

d. 企业应要求承包商建立健康管理制度，定期体检、确认是否有职业禁忌证；企业应根据接触危害的种类、强度，提供或者要求承包商选择防护功能和效果适用、且符合国家标准或行业标准的劳动防护用具，并监督其正确佩戴、使用。

e. 企业应对承包商开展职业健康安全培训并考核，告知可能存在的风险、采取的安全控制防护措施以及应急措施等。

（2）供应商管理

a. 企业应建立供应商管理制度，对供应商的资质进行审查，包括生产能力、交期达成度、服务业绩等，定期识别相关风险，优先选择具有环境、职业健康、安全体系认证的单位。定期对供应商进行评价，建立合格供应商清单。

b. 企业应与供应商签订职业健康安全协议，明确双方职业健康安全职责。

10. 事故事件与应急

（1）事故事件

a. 企业应建立职业健康安全事故事件管理制度，对事故进行分类分级管理，从事故中汲取经验教训并采取纠正措施，防止和减少事故事件发生。

b. 企业宜制定事故事件上报的奖惩制度，鼓励从业人员主动上报职业健康安全事件、事故，禁止任何瞒报、谎报、迟报的行为。

c. 企业应组织对职业健康安全事故事件管理制度进行培训，使从业人员明确事故事件上报及调查的相关要求，当发生职业健康安全事故或事件后及时报告。

d. 根据职业健康安全事故事件调查结果，从设计、技术、设备设施、管理制度、操作规程、应急预案、人员培训等方面分析确定直接原因和根本原因，提出事故事件整改措施并落实。

e．企业应及时将调查结果及整改措施与从业人员分享和学习，以避免类似事故事件再次发生。

f．企业应收集行业内发生的相关安全事故，并与从业人员学习和分享，以防止类似事故发生。

（2）应急

企业应编制职业健康安全应急预案，配备应急救援装备、物资、人员。企业在突发职业健康安全事故事件时，应迅速启动相应的应急预案。具体参照《责任关怀实施细则 第1部分：社区认知和应急响应》。

11．沟通

企业应建立文件化的与内部和外部沟通程序并予以实施，收集企业内部及相关方反馈信息。

企业应通过合同、公告栏、培训、安全标志、科普宣传等方式进行职业健康安全信息沟通，沟通内容包括但不限于：

——危险源与其管控措施；

——职业健康安全危害及其后果；

——风险评估结果；

——职业危害控制措施；

——职业健康安全规章制度、操作规程等；

——职业健康检查结果；

——作业场所职业性危害因素检测与评价结果；

——应急处置措施。

12．绩效评估与改进

企业应建立职业健康安全检查与绩效考评长效机制，对职业健康安全实施细则各要素的落实情况定期进行监督检查。

企业应对检查过程中发现的问题及时进行跟踪和整改，对潜在风险进行原因分析，制定可行的整改措施，并对整改结果进行验证。

企业应围绕职业健康安全管理实施细则要求，结合责任关怀其他实施要求或者其他管理体系，每年至少进行一次管理评审，实现持续改进。

附录四　国际标准 ISO 26000《社会责任指南》简介

国际标准化组织（ISO）于2010年11月1日召开新闻发布会，对外宣布即日起正式发布 ISO 26000《社会责任指南》。

社会责任涉及社会、政治、经济、文化、法律、宗教、伦理道德等各个方面，对社会、经济和环境的可持续发展具有重要的影响。自21世纪初开始，社会责任问题逐渐成为国际社会关注的焦点。一些国家和组织开始研究并制定有关社会责任标准，并推动这些标准的实施。为了满足国际社会对社会责任规范化和统一化的需求，ISO 于2004年启动了 ISO 26000 的制定工作，旨在为组织开展社会责任活动提供相关指南。该国际标准为自愿性标准，各类组织可根据实际需要自主选用。

该标准在起草过程中，包括中国在内的90多个国家的400多名专家共同参与了制定工作。我国专家提出了许多重要的意见和建议，并得到了采纳，例如：关于社会责任原则问题，在其总则部分增加应用该标准时，建议组织要考虑社会、环境、法律、文化、政治和组织的多样性以及经济条件的差异性，同时尊重国际行为规范。该标准的发布，将有利于明确社会责任的定义和内涵，统一社会各界对社会责任的认识和理解，为组织履行社会责任提供可参考的指南。

ISO 26000 的主要内容包括：（一）与社会责任有关的术语和定义；（二）与社会责任有关的背景情况；（三）与社会责任有关的原则和实践；（四）社会责任的主要方面；（五）社会责任的履行；（六）处理利益相关方问题；（七）社会责任相关信息的沟通。组织开展社会责任活动所需遵循的原则是：（一）应用该标准时，建议组织要考虑社会、环境、法律、文化、政治和组织的多样性以及经济条件的差异性，同时尊重国际行为规范；（二）遵循七项核心原则，包括担责、透明、良好道德行为、尊重利益相关方的关切、尊重法治、尊重国际行为规范、尊重人权等。

社会责任有7个核心主题，涉及36个议题。

主题 1：组织治理

组织应该定期检查其决策机制及架构，以增强以下能力：

创造提高透明度、道德操守、问责、守法、照顾利益相关方的环境；

善用财务、天然及人力资源；

确保在管理高层有合适比例的各式代表（包括性别、种族群组）；

平衡组织及其利益相关方的需要；

成立长期与利益相关方的双向沟通机制；

鼓励员工参与社会责任相关的决策；

平衡员工权限、职责和能力水平，决定每一个员工相应的权力；

跟踪决定的执行，记录正面和反面结果的责任人；

定期评审和评估组织的治理过程。

主题 2：人权

对人权所持的价值便是文明程度的指标。涉及的议题有：

1. 尽力而为——包括人权政策、政策与业务的整合、评估方法、监察以及优先顺序的制定；

2. 人权风险状态——涉及贫穷、自然灾害、童工、非正式外包工安全及贪污等；

3. 避免同流合污——包括对违反人权的同谋者评估及预防，无论是负有指使还是负有协助或容忍责任的；

4. 处理申斥——遵守公平、公正以及公开原则；

5. 不可歧视弱势社群——指种族、肤色、性别、年龄、婚姻状况、政见、性取向、艾滋病带病毒/病患等；

6. 民权及政治权利——包括言论及表达自由、集会及结社自由、信息的搜索和接收、内部纪律程序前的公平聆讯、纪律处罚不能包括体罚及不人道或侮辱处置；

7. 经济、社会及文化权利——包括教育、维持身心健康的生活标准（衣、食、住、医疗）、社会保障（失业、疾病、孤寡、老年）的保障；

8. 保障基本工作权利——指组织工会及集体谈判自由、消除强迫或强制劳工、停止童工、消除招聘及待遇歧视。

主题3：劳工惯例

劳工惯例是指组织内的工作及其机构的工作中的所有政策及准则。相关的议题有：

1. 促进就业及雇佣关系——确保所有就业人员是合法员工或自雇人士，尽量避免聘用散工，尽量减少营运转变（例如关、停、转）对员工的不利影响，消除歧视，勿作随意或惩罚性解雇，不从合作伙伴、分包方和供方的不正当劳工实务中获益，在国际营运中以雇佣对行业发展、当地国民推广及改进有利的为优先考虑的人选；

2. 工作条件及社会保障——确保工作条件合法及不低于国际劳工标准，提供合法协议内其它更高的待遇，确保适宜的工作条件（有关工资、工时、每周假期、职业安全和健康及女工分娩保障），直接发放工资，尊重正常或协议的工时，加班需支付符合法例的超时补偿；

3. 保持社会对话——明白社会对话对组织的重要性，参与员工组织的活动，不反对或阻止职工组织工会或集体谈判，不辞去或歧视相关职工，让职工代表接触决策人士、工作场所及资料，不鼓励政府限制国际公认结社及集体谈判自由的实施；

4. 顾及工作安全及健康——识别及控制职业安全和健康的风险因素，调查职业意外、疾病及职工提出的问题，应用职业卫生的原则，明白社会心理危害引致工作压力及不适，制订职业安全和健康方针，提供安全保护设施，提供培训，采纳有员工参与的职业安全和健康制度；

5. 参与人类发展和现场培训——提供公平的技术发展及接受培训的机会，尊重职工的家庭责任（例如提供托儿服务），落实没有歧视的招聘、培训、升职及离职，保障及促进弱势群体的积极行动，参与青年失业及妇女就业不足的改进计划制订，制订劳资双方的管理方案以促进健康和福利。

主题4：环境

自然环境的影响来自组织的耗用能源及自然资源、产生的污染及废物以及产品和服务对自然栖息的冲击。涉及的议题有：

1. 预防污染——识别污染及废物，测量、记录及报告污染源头，采取控制措施（例如减少废物原则），公布所使用原料的危害种类及数量，实施识别及预防使用禁用物料的制度；

2. 可持续资源的使用——识别能源、水及原料来源，测量、记录及报告它们的使用，采取资源效能措施（例如节约措施），寻求取代非再生能源的可行机会，管理水源以达至在同一水系内公平享用；

3. 缓和及适应气候变化——识别温室气体排放源头，测量、记录及报告温室气体排放，采取减排措施，减少依赖石化燃料，预防温室气体排放，不能预防的便考虑二氧化碳储藏或中和措施，考虑排污交易；评估、避免或减少气候变化的不良影响，在土地计划、划分区域、基建设计及维修中考虑气候变化，发展及共享农业、工业、医疗及其他保障健康的科技；

4. 保护及恢复自然环境——评估、避免或减少对生态系统及生物多样化的不良影响，尽量运用市场机制转化环境负荷的成本，先致力保存继而恢复生态系统，考虑促进保育及持续使用的综合管理策略，采取措施以保存独特或濒危物种，采用可持续发展方式规划渔、农、林、牧业及营运准则，在拓展及发展时考虑自然保护，避免使物种消失或引入外来具侵略性物种的做法。

主题5：公平营运实践

公平营运实践是指组织怎样运用关系，影响其他组织以促进正面结果的活动。相关的议题有：

1. 反贪污——实施及改进防止贪污政策及做法，支持员工及代理商杜绝贪污，训练及提高他们的意识，确保他们有相称的待遇及进步奖励，鼓励他们举报涉嫌贪污事件，向有关当局举报有刑事成分的案件，并能影响其他人采取相同做法，嫉恶如仇；

2. 参与政治——训练及提高员工及代理商参与及支持政治活动的意识，对有关业务活动的政治游说及政治捐献坚持透明态度，订立政策及指引以控制机构代表，不可作出过分的政治捐献以避免受到"操控政策制定者"之嫌，避免涉及误述、误导、恐吓或强迫的政治游说；

3. 公平竞争——进行符合竞争法的活动，制定避免介入或同谋、共犯反不公平竞争行为的程序，提高员工的意识，支持相关的公共政策（包括反倾销）；

4. 在势力范围内推广社会责任——在采购、销售及分包政策内包含道德、社会、环境、职业安全和健康以及性别平等准则，鼓励其他组织采取相同做法，调查及监视有关系组织的活动不会影响本组织对社会责任的承诺，提高这些组织对社会责任的认识，在价值链中推广公平分担社会责任的成本及得益；

5. 尊重产权——实施尊重产权的政策及做法，调查以确定有合法拥有权去使用或弃置资产，不介入有违产权法的行为（例如假冒、盗用、侵害消费者权益），支付合理购置或使用费用。

主题6：消费者问题

组织对享用其产品及服务的消费者负有社会责任，涉及的议题有：

1. 实行公平营销、信息及合同做法——不介入欺骗、误导、虚假或不公平的做法，在推销信息中清晰标明推销的性质，披露明码实价、税项、条款、送货费用等数据，处理索赔时提供数据，避免采用模式化的形象（例如性别、种族），提供完整、正确、易懂及可比较的数据，使用公平，清晰，具有充足价格、条款及收费数据的合约（例如没有免负责、单方面更改价格及条件）；

2. 保护消费者安全及健康——提供对消费者及其产业、其他人及环境安全的产品及服务，评定相关法规、标准及规格是否充分，从产品设计减少风险，避免使用致癌、有毒或有害的物料，事前评估对人体健康的风险，以图像及文字提供必要的数据，指示正常及可预期的用法，采纳由于误用而出现事故的预防措施，从批发、零售及消费者回收有问题的产品；

3. 可持续消费——提供对社会、环境有益及有效率的产品及服务，消除和减少它们对健康及环境的不良影响，以顾及身体健康的方法饲养动物，设计产品以方便重复使用、维修或回收，节省包装物料及提供回收服务以减少废物，向消费者提供重复使用、维修或回收的指示，使消费者能够可持续消费（例如提供耗电数据、贴上节能标签），采用"全民设计"原则方便所有消费者（例如弱视人士）；

4. 提供消费者服务、支持投诉及纠纷的排除和解决——采取预防投诉措施（例如设立退换期限），解决投诉问题，提供比法定时限更长的保用期，清晰交代售后服务承诺、支持及投诉途径，提供充足及有效的支持及建议制度，提供收费合理的保养维修，采用按国家或国际准则的另类仲裁及冲突排解程序；

5. 保护消费者数据及个人隐私——只收集必需的数据，表明收集用途，不披露或作其他用途使用，容许消费者知晓组织是否存有其个人资料及提出删除申请，公开相关的政策、程序及发展；

6. 保障享用服务权——不随意因没收到费用便终止服务（例如涉及水、电、燃气的必要服务），

不因一群消费者没缴款而终止整个地区的服务,在缩减或暂停服务时避免歧视个别消费群;

7. 教育及意识——教育及消费者意识的范畴包括:安全及健康(产品危害)、相关法规(例如申斥及消费者权益)、产品标贴、环保、节约用水电、可持续消费、包装及产品弃置信息和知识。

主题7:社区参与及发展

此主题涉及机构与同区其他机构及组织的关系,以及提高该区生活水平的发展,相关的议题有:

1. 社区参与——参与地区组织(例如安全小区),为政治程序贡献,进行提高守法活动,保持与官员廉洁的关系;

2. 教育及文化——推广文化活动,尊重本地文化及习俗,协助保存文化传统,推广本土知识系统的使用,支持各级教育及消除文盲,鼓励儿童接受正式教育;

3. 创造就业和技能发展——决定投资、科技选择及外包时考虑可能带来的就业影响,考虑参与地方和国家的技能开发方案;

4. 科技发展和途径——考虑与当地大学及研究院进行科研合作,尽量容许科技转移及科技扩散;

5. 创造财富和收入——优先考虑本地供方,只与合法供方合作,鼓励及协助非正式机构成为正式机构,尽量使用可持续天然资源以帮助消灭贫困,事前征得本地社区同意才开发天然资源,为弱势社会群体改善活动作出贡献,支持社区企业,尽量发展具有潜力的本地知识及技术,履行税务责任;

6. 推广健康——推广健康生活,提高对主要疾病的预防意识,支持基本保健服务,保障清洁食用水和合适厕所的提供,消减组织产品或服务对健康的负面影响;

7. 社会投资——在投资分析及决策时融入经济、环境、社会及治理的议题,并合适地发放有关信息,建立和公布符合社会责任的治理政策,参与其他组织的相关议题以期望改善它们的社会责任业绩表现,尽量在投资决定时增加对社会、文化及经济的贡献,作基建及活动投资,以机构强项能力为主,社区投资不减少其它小区行动(例如资助、捐款、义务劳动),推广可持续社区投资项目,计划社会投资时考虑促进社区发展(例如在本区采购),考虑配合地区及国家政策,避免使社区长期依赖组织的乐善好施,要为评论现有的社区方案提出建设性建议。

参考文献

[1] 周学勤. 职业卫生管理与技术［M］. 北京：中国石化出版社，2005.

[2] 何华刚. 职业卫生概论［M］. 武汉：中国地质大学出版社有限责任公司，2012.

[3] 张东普. 职业卫生与职业病危害控制［M］. 北京：化学工业出版社，2004.

[4] 中华人民共和国卫生部卫生监督局. 企业职业卫生管理培训教材［M］. 北京：中国劳动社会保障出版社，2007.

[5] 中国认证人员国家注册委员会. 职业健康安全管理体系审核员培训统编教程［M］. 天津：天津社会科学出版社，2002.

[6] 朱建芳. 职业卫生工程学［M］. 徐州：中国矿业大学出版社，2014.

[7] 孟超. 职业卫生监督与管理［M］. 北京：中国劳动社会保障出版社，2014.

[8] 何家禧. 职业危害风险评估与防控［M］. 北京：中国环境出版社，2016.

[9] 张文昌，贾光. 职业卫生与职业医学［M］. 2版. 北京：科学出版社，2017.

[10] 牛侨，张勤丽. 职业卫生与职业医学［M］. 3版. 北京：中国协和医科大学出版社，2015.

[11] 韩敬. X公司职业健康安全管理研究［D］. 北京：北京交通大学，2020.

[12] 金旦蕾，董小刚. 变更管理在工艺安全管理体系中的应用［J］. 劳动保护. 2013（2）：101-103.

[13] 刘云. 风险预控与隐患排查双控体系实施策略研究［D］. 葫芦岛：辽宁工程技术大学，2017.

[14] 谢文瑾，戴生迁. 核电厂承包商职业卫生标准管理的一些思考［J］. 中国标准化. 2021（12）：85-87.

[15] 陈明亮，赵劲松. 化学过程工业变更管理［J］. 现代化工. 2007（06）：59-61.

[16] 田震，李建隆. 基于SEM-FCEM的企业职业病防治绩效评估方法研究［J］. 职业与健康. 2018，34（02）：272-276.

[17] 任向竟. 基于社会责任的供应商评价体系研究［D］. 太原：中北大学，2011.

[18] 匡蕾，许宁，洪一超. 基于危险工艺装置设置安全联锁系统的研究［J］. 中国安全科学学报. 2009，19（07）：91-96.

[19] 施德保. 领导风格、组织承诺与员工忠诚的关系研究［D］. 武汉：华中师范大学，2015.

[20] 邢娟. 论企业合规管理［J］. 企业经济. 2010（04）：37-39.

[21] 魏桃员，尤朝阳，霍开富. 美国高校实验室职业安全与健康管理的启示［J］. 实验技术与管理. 2012，29（05）：201-205.

[22] 蔡庆涛，崔鑫，周雪松，等. 某化工企业1起职业性急性1,2-二氯乙烷中毒事故调查分析［J］. 职业卫生与应急救援. 2019，37（02）：180-181.

[23] 王永军. 某乙炔厂职业安全卫生专项排查情况研究［J］. 山西化工. 2017，37（02）：85-86.

[24] 庞爱，张立，汪运. 某制药企业应用PDCA循环提升职业病防治水平效果分析［J］. 现代医药卫生. 2022，38（03）：528-530.

[25] 王海燕，袁春贤. 让绩效考评真正成为指挥棒［J］. 劳动保护. 2020（10）：50-52.

[26] 谢英晖. 提升员工安全隐患排查能力和水平［J］. 现代班组. 2018（08）：4-5.

[27] 王振坤，张凤先. 运用HSE管理体系思维破解承包商安全管理难题［J］. 现代职业安全. 2021（10）：32-35.

[28] 林喜芳. 治本之策——全面落实全员安全生产责任制［J］. 安全与健康. 2017（12）：20-22.

[29] 王海椒，贾世国，张鸽，等. 中国共产党领导下的职业卫生工作成就［J］. 环境与职业医学. 2021，38（12）：1318-1326.